简单易懂的Python入门教程

[日] 大泽文孝　著

徐乐群　译

中国水利水电出版社
www.waterpub.com.cn
·北京·

内 容 提 要

本书是一本面向初学者的Python基础性教程，分别从“程序是什么”“开始Python的学习”“编写Python程序时的规则”“构成程序的基本功能”“试着编写猜数字游戏”“将猜数字游戏图形化”“类和对象”“试着使用扩展模块”8章对Python语言进行由浅入深的讲解，令Python初学者带着兴趣去学习。本书语言生动、版式设计活泼，通过讲解一段语法后进行编写示例的形式，能够让初学者加深理解。

本书适合对Python感兴趣的零基础的读者阅读和学习，也适合相关培训机构作为教材使用。

北京市版权局著作权合同登记号：图字01-2020-6289号

ICHIBAN YASASHII Python NYUMON KYOSHITSU by Fumitaka Osawa
Copyright © Fumitaka Osawa 2017
All rights reserved.
First published in Japan by Sotechsha Co., Ltd., Tokyo

This Simplified Chinese language edition is published by arrangement
with Sotechsha Co., Ltd., Tokyo in care of Tuttle-Mori Agency, Inc., Tokyo
through Eric Yang Agency, Seoul.

图书在版编目（ＣＩＰ）数据

简单易懂的Python入门教程 ／（日）大泽文孝著 ；
徐乐群译. -- 北京 ：中国水利水电出版社，2021.9
ISBN 978-7-5170-9970-3

Ⅰ．①简… Ⅱ．①大… ②徐… Ⅲ．①软件工具－程
序设计 Ⅳ．①TP311.561

中国版本图书馆CIP数据核字(2021)第189384号

策划编辑：杨庆川　庄　晨　　责任编辑：王开云　　封面设计：梁　燕

书　　名	简单易懂的Python入门教程 JIANDAN-YIDONG DE Python RUMEN JIAOCHENG
作　　者	［日］大泽文孝 著　徐乐群 译
出版发行	中国水利水电出版社 （北京市海淀区玉渊潭南路1号D座　100038） 网址：www.waterpub.com.cn E-mail: mchannel@263.net（万水） 　　　　sales@waterpub.com.cn 电话：（010）68367658（营销中心）、82562819（万水）
经　　售	全国各地新华书店和相关出版物销售网点
排　　版	北京万水电子信息有限公司
印　　刷	雅迪云印（天津）科技有限公司
规　　格	184mm×240mm　16开本　16印张　398千字
版　　次	2021年9月第1版　2021年9月第1次印刷
定　　价	59.00元

前　言

　　"让更多的人觉得编程有趣！给更多的人提供一个开始编程的契机"。这就是我写这本书的动机。

　　那么，如何才能体会到编程的乐趣呢？我认为马上体验，能够看到结果是很重要的。

　　为此，我们在这里选中了 Python 语言。

　　Python 是输入命令就能立即执行的语言。由于能够扩展 Python 功能的"模块"也非常丰富，所以用很短的程序就可以实现窗口显示、PDF 生成等。

　　本书中充分体现了 Python 的这种优势。在讲解完一段基本语法之后，通过"编写猜数字游戏""在窗口上移动圆形、四边形、三角形""用 PDF 制作横幅"三个示例来加深对基础知识的理解。

　　阅读本书的时候，极力推荐边动手边学习的方法。看到程序的实际运行结果才能更加理解所讲解的内容（示例的源代码可以下载，不需要手工输入噢）。

　　希望本书能够成为你开始编程的契机，并且带给你编程的乐趣。

大泽文孝

目　录

Chapter 4

构成程序的基本功能

Chapter 5

试着编写猜数字游戏

Chapter 6

将猜数字游戏图形化

Chapter 7

类和对象

Chapter 8

试着使用扩展模块

Chapter 1

程序是什么

程序就是写有计算机指令的指示书。

如果能够制作程序，就可以自由地操控计算机。也可以随心所欲地制作游戏，制作工作中使用的软件。

程序究竟是什么呢?

1-1

程序是命令的集合

　　打开计算机, 单击文字处理、表格计算、Web 浏览器、邮件等图标, 等软件启动后, 就可以使用各种各样的软件功能。之所以在计算机中能做到这些, 是因为计算机中有 "为了支持这些操作而编写的程序"。计算机在没有程序的情况下是不会有任何反应的。

一提到程序, 满脑子就会浮现数字和符号的排列组合呢!

其实把程序理解成: 让计算机做各种动作的 "命令", 会更容易理解。

这些命令都是由程序员编写的!

是的。让我们先来看看基本的配置。

控制连接在计算机上的设备

　　和计算机连接在一起的有显示器、键盘、鼠标、内存、硬盘、打印机、网络通信等各种外围设备。它们通称为 "设备 (device)"。

　　程序规定了对这些设备如何进行交互 (图 1-1-1)。

　　平时, 我们从图标启动的文字处理软件、表格计算软件、Web 浏览器、邮件软件, 甚至操作系统 Windows 和 Mac OS, 这些 "软件" 的实体都是程序。

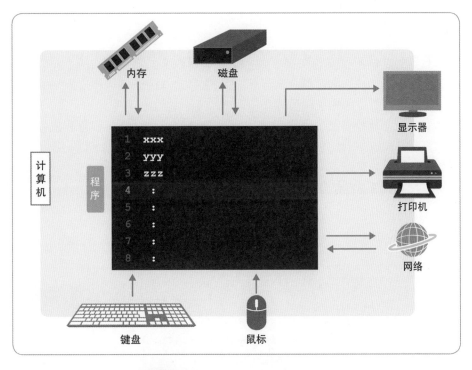

图1-1-1 程序控制着与计算机相连的设备

例如，计算器的程序

仅靠上面的说明可能不太容易理解吧，我们把 Windows 自带的"计算器"作为例子说明一下。

计算器上有数字键、"＋""－""×""÷"等四则运算键，还有计算结果的"＝"键等（图 1-1-2）。

如果按下"1"键，屏幕上会显示"1"。这是因为计算器程序里有"按下 1 键后显示出 1"的命令。

我们也许认为，按下"1"键就显示出"1"是理所当然的事情，但对于计算机而言并不会有此反应。只有某人（微软公司的某位程序员）将这样的命令作为计算器的程序编写出来，它才会按照程序执行出这样的结果。如果没有这些命令，那么按下"1"键不会有任何反应。

按下任何键后想让计算机做些什么，都需要编写程序来实现。

图1-1-2 计算器的图例

3

进行计算等加工处理

计算器的功能不仅仅是在按下数字键时显示数字。而且在按下"＋"键时做加法运算，按下"－"键时做减法运算。"×"和"÷"键也同样能做乘除运算。

决定这种计算方法的就是程序里所写的命令。

也就是说，从设备接收到的数据（以计算器例子来说，从键盘和鼠标输入的"数据"）不是原封不动地传输给另一个设备（本例中是显示器），而是在程序里经过了计算等加工处理。

决定数据加工方法的也是程序里的命令（图1-1-3）。

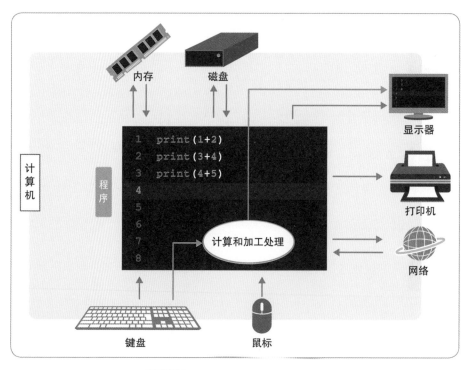

图1-1-3　程序对数据进行加工和计算

逐条发出命令的话，程序就会变得很长

到目前为止，我们对"1"键进行了说明，当然"2"键、"3"键等其他的键都需要被编程。

如果这么考虑的话，虽然计算器的程序逻辑很简单，但是因为需要对所有的键进行编写程序，程序就会变得不可思议地长。

程序变长是由于"如果不能一个接一个地发出全部命令的话，计算机就不会动作"所造成的。这是没有办法避免的。

但是，这并不是说有多难，而是觉得很"麻烦"。然而，这种麻烦实际上可以通过"将类似的功能集中起来""借用别人已经制作好的程序"等方法来解决（图 1-1-4）。

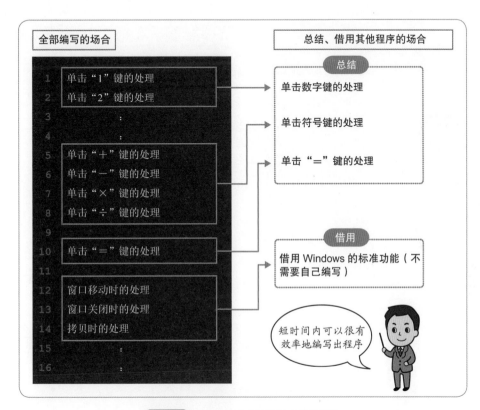

图1-1-4 程序的命令只要下功夫就能简化

实际上，很多编写商用软件的程序员都会在这方面下功夫，在短时间内高效率地编写程序。

Lesson

1-2

虽然有很多种编程语言

如何编写程序

程序必须用计算机能够理解的格式来编写。这种能够定义格式的就是编程语言。程序员按照编程语言中规定的语法来编写程序。然后就可以在计算机上运行了。

咦~
机器语言？

什么是编程呢？
让我们从机器语言和编程语言的关系上进行具体说明。

编写程序用的编程语言

计算机能够执行的命令被称为"机器语言"，它是数值罗列的集合。比如，数值"4"代表"加法"，数值"44"代表"减法"等，对计算机来说，很方便就可以把数值与命令对应起来。但是这对于人而言却是不可能做到的。直接用数值罗列来表达命令是极其困难的。

因此，为了让人能够写出简单易懂的程序，就设计出了采用与英语类似的语法来书写命令的语言，这就是"编程语言"。

MEMO //

编程语言没有一定要采用与英语类似的语法的理由。和英语类似的主要原因是设计人员大都是外国人。而且，即使是日本人设计，为了能在全世界被广泛地使用，也只能采用与英语类似的语法。虽然不是主流，但也发明了一种能用日语书写的编程语言，起名叫"NADESHIKO"。

编程语言是为了人类而设计出来的，计算机又无法执行。编写出来的程序要以某种方式转换成机器语言之后，才能在计算机上执行。

通常，我们单击软件图标等来启动的文件其实就是由编程语言编写的，再转换成机器语言的命令集合（图 1-2-1）。

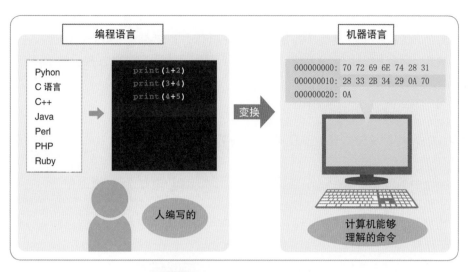

图1-2-1 编程语言转换成机器语言

编程语言有很多种

世界上有很多种编程语言。

本书所介绍的"Python"就是编程语言的一种。除此之外,你可能还听说过"C语言""C++""Java""Perl""PHP""Ruby"等多种编程语言。

之所以会出现这么多的编程语言,是因为从不同的用途、目的、想法等考虑,由各种各样的人设计出来的。

如下所示,不同的编程语言具有各式各样的特征。

- 转换成的机器语言,执行速度非常快
- 能处理大量数据
- 擅长科学计算
- 擅长财务计算
- 语法非常简单,能马上掌握
- 非常容易制作出能在网页上运行的软件

编程语言不是英语

几乎所有的编程语言都采用了类似英语的书写方式。但这只是表面现象,其本质是完全不同的。

编程语言的目的是要将所书写的命令转换成机器语言。因此语法规定是很明确的，不允许模棱两可。只要有一点不符合语法，就不能作为命令接受。和英语不同的是：表现的自由度低，即使意思相通，语法上有错误也不会被执行。

例如，混淆了逗号（,）和句号（.），括号不对称等这些人类能够接受的细微差异，都会被判断为错误。

Python是经常会使用的、合适的编程语言

在众多的编程语言中，不能说"哪种编程语言是最好的"。根据用途，与之匹配的才是最合适的。

如果你是第一次编程的话，那么比起在某个功能表现出色的编程语言，能够适用于任何场合的编程语言才是你最佳的选择。

从这种意义上来说，本书所介绍的 Python 就是对初学者而言，最合适的编程语言了。它能够在实用层面上满足你下列的所有要求。

- 能处理大量数据
- 能进行科学计算
- 能进行财务计算
- 语法非常简单，马上就可以掌握
- 能够制作出在网页上运行的软件

知识栏　○　○　○　○　○　○　○　○　○　○

穿孔纸带是用数码书写的程序

在老电影或动画片中，经常会出现让计算机读取"穿孔纸带"的场景。这个穿孔纸带其实就是机器语言的程序。

穿孔纸带是一种输入输出介质，人所写的命令先转换成数码，打孔设备在纸带的数码相应位置处打出孔点。这么想来，计算机技术虽然在不断地进步，但基本结构从最初开始就几乎没有改变呢。

文本编辑器，编译器，解释器

编写程序需要什么

编写程序需要一个文本编辑器来编辑代码。而且，将写好的命令转换成机器语言的软件也是必要的。它被称为"解释器"或"编译器"。有些编程语言也提供将文本编辑器、解释器、编译器等集成到一起的"集成开发环境"。

一听说要转换成机器语言，就感觉很难诶。

放心。Python 里有免费提供的集成开发环境可以利用。

为了编辑程序的文本编辑器

程序的编辑工作，和使用文字处理软件编辑文章是一样的。但是不会使用文字处理软件来编辑程序。因为字体的改变、标题的设定等文档的修饰会妨碍程序的运行。

因此，编辑程序需要使用不能做文档修饰的软件。这些软件被称为"文本编辑器"（图 1-3-1）。

比如使用 Windows 附带的名为"记事本（notepad）"的文本编辑器就可以编辑程序。

有些文本编辑器是可以免费下载使用的。例如，只能在 Windows 里使用的文本编辑器有"TeraPad""樱花编辑器"，在 Windows 和 Mac 里都可以使用的"Sublime Text"和"Atom"等。

程序员就使用这些文本编辑器来编写程序。因为程序文件是最初的源头（source），所以被称为源代码（source code）或源文件（source file）。

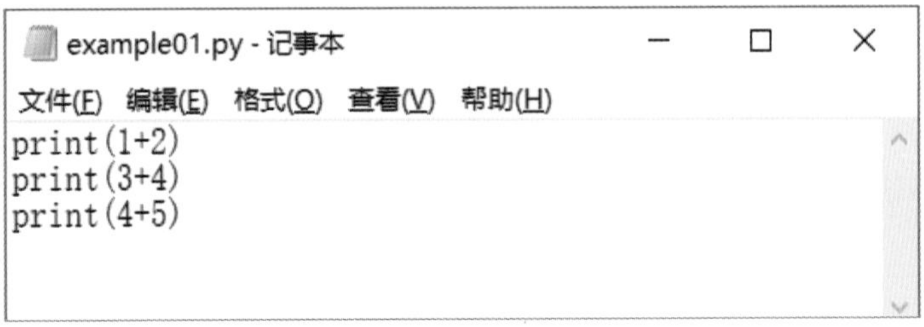

```
example01.py - 记事本                      —    □    ×
文件(F)  编辑(E)  格式(O)  查看(V)  帮助(H)
print(1+2)
print(3+4)
print(4+5)
```

图1-3-1   使用文本编辑器编写程序

MEMO //

在 Windows 附带的记事本中编写程序会出现显示结果与预期不符的情况，所以不推荐使用。如果你刚开始学习编程，建议你使用诸如 "TeraPad" "樱花编辑器" "Sublime Text" 和 "Atom" 这类的文本编辑器。

转换用的编译器或解释器

如 Lesson 1-2 中所说的，根据编程语言的语法编写的程序最终都要转换成机器语言来运行。换句话说，没有 "转换成机器语言的功能" 就什么都做不了。

承担转换任务的是 "编译器（compiler）" 或 "解释器（interpreter）"（图 1-3-2）。这两者的区别在于，是 "完全转换成机器语言后再运行" 还是 "一边转换成机器语言一边运行"。

1. 编译器

编译器可以将源代码完全地转换成机器语言，新建出一个机器语言文件。这种转换工作叫作 "编译（compile）"。

实际运行时，只需要有转换后的机器语言文件即可，不再需要源代码和编译器。

另外，如果修改了源代码，就必须再次进行整体地编译。

2. 解释器

一行内容读取后进行转换并运行。因为不是整体转换，机器语言的命令不能保存在文件里。因此，实际运行时，是需要源代码和解释器的。和编译器不同的是，因为没有明确的整体编译过程，所以源代码修改后，只需重新运行，修改后的内容就自然包含进去了。

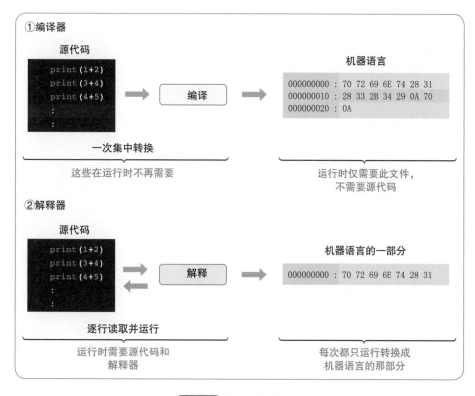

图1-3-2 编译器和解释器

获取编译器或解释器

用编程语言写的程序，如果没有编译器和解释器就无法运行。

大约 20 ~ 30 年前，编译器和解释器都是非常昂贵的软件，但是现在几乎所有编程语言用的编译器和解释器都可以从互联网上免费获得。

根据编程语言的不同，会提供编译器和解释器中的一个（或者两者都提供）。

Python 提供解释器。

集成开发环境

综上所述，制作程序需要以下两点：

（1）用于编写程序的文本编辑器。

（2）用于转换程序的编译器或解释器。

因为分别获取并安装这些软件很麻烦，所以有些编程语言打包提供"制作程序所需的一整套环境"。我们称之为"集成开发环境（Integrated Development Environment，IDE）"（图 1-3-3）。

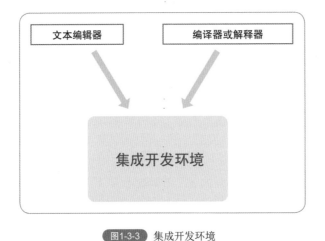

图1-3-3 集成开发环境

集成开发环境中，不仅仅是按下一个按钮就能实现从编写程序到执行程序等一系列操作。还能在运行出错时暂停，在出错的代码上方便进行错误检查，查看数据是否有异常。

Python也可以使用集成开发环境

Python 有一个名为"IDLE"的集成开发环境，详细内容将会在第 2 章中进行说明。使用 IDLE 的话，就不需要分别安装文本编辑器和 Python 解释器，马上就能开始 Python 的编程。

由于事前准备简单，本书就利用"IDLE"来说明 Python 编程。

Lesson
1-4

在开始学习编程前

学习些什么知识好呢

从下一章起,我们就要开始真正的 Python 编程了。那么到底怎样才能学会编程呢? 在开始动手编程之前,先了解一下注意哪些地方才能更快进步的秘诀。

怎样才能不受挫折地坚持下去呢?

让我来告诉你们学习的流程,进步的窍门吧。

这可真是需要提前了解的啊!

▌必须了解的四件事

达到能够自由地编写程序的地步是需要很长时间的。

这个过程大概分为以下四个阶段。

1. 程序从编写到执行为止的步骤

理解从编写程序到执行程序的步骤。与其说是学习编程,不如说是了解操作方法。

具体来说就是学会使用文本编辑器编写程序,并且把程序执行起来的操作。在集成开发环境下,就是要学会使用集成开发环境的方法。本书在第 2 ～ 3 章中进行说明。

2. 基础语法的学习

掌握某编程语言的基础语法。

例如句子是以 "。" 结尾的。与此相类似,编程语言中也会有一些规定。如果不能理解并遵守这些规定,所编写的程序就会发生错误,无法运行。本书的第 3

13

章来说明 Python 特有的书写方法。

3. 掌握命令的写法和用法

掌握某编程语言中的命令的写法和用法等。

例如，理解"暂时保存数据""计算""循环指定次数"等基本命令的写法和使用方法。本书将从第 4 章开始详细说明。

4. 设备的操作方法

了解键盘、鼠标、显示器、网络、打印机等的操作方法。哪些内容是你必须学会的，取决于你想要制作哪个领域的程序。

比如想制作通信程序，那么掌握网络的操控方法是必不可少的。想制作印刷程序，那么打印机的操控方法是必须掌握的。

领域不同需要学习的内容也有所不同。

仅需三周就能掌握基础知识

虽然整个学习过程是漫长的，但是上面第 1～3 阶段的学习仅需三周就足够了，只有第 4 阶段是需要时间来掌握的。在学习的过程中，我们可以试着编写简单的程序。

第 4 阶段可以算是一种应用。因为是对各种各样设备的操控方法，那么一旦学会了，用其他的编程语言也能进行类似地处理。我们可以把它看作是不依赖于某种编程语言能广泛使用的知识。

问题是第 4 阶段的领域非常广泛，不可能全部掌握。为什么这么说呢？因为能够连接到个人计算机的周边设备，品种是非常多的。

但是，也不需要能操控所有的周边设备。

总之，由于涉及范围非常广，所以即使是专业的程序员在自己专业领域外也知之甚少。基本上都是需要的时候边学习边应对的。

制作程序时不需要全部理解。只要学会了最基本的知识后，试着去实际编程，在调试过程中慢慢地掌握就好。

让我们轻松地开始编程吧。

只要 3 周就能巩固基础的话，编程也没有那么难！

Chapter 2

开始 Python 的学习

运行 Python 程序是需要软件来支持的。在这一章中,我们将说明所需软件的安装方法,以及运行 Python 命令的基本操作方法。

Lesson 2-1

开始学习Python前，需要做些什么呢?

关于使用Python

Python 是荷兰的程序员 Guido van Rossum 设计的编程语言。由于它容易掌握，同时短小精干的程序就可以实现想要的功能，所以适用于各种各样的场合。

Python 是什么样的语言呢?

直觉上说就是非常容易理解。通过简单学习就可以制作出很多东西的语言。

耶! 像我这样的也可以编写程序了!

为多数人设计的编程语言"Python"

设计 Python 语言的是荷兰程序员 Guido van Rossum。

据他说，本来是为了打发圣诞节前后的空闲假期，作为兴趣而开始设计的。之所以选中 Python（大蟒蛇的意思）作为该编程语言的名称，是因为他是英国喜剧团体"Monty Python"的狂热粉丝。

把 Python 设计成多数人都能使用的编程语言。为了这个具体的目标就需要具备以下的特征：

（1）是一种简单、直观的语言。

（2）虽然很简单，但是与其他的主要编程语言在功能上相当。也就是说，不仅能学习，还能够实实在在地开发实用程序。

（3）软件是公开的开源代码。

（4）适合日常生活，学习时间很短。也就是说，每天抽空学习一点就可以在一段时间后编写程序。

Python 可以说是一个"容易上手但功能强大的编程语言"。所谓在计算机上的编程，不仅指开发在服务器上能运行的程序、科学计算程序和机器学习程序，还包括物联网（Internet of Things，IoT）上的传感器和通信操控等，已经在很多领域被广泛使用。

MEMO ///

物联网（IoT）是指能连接家电、传感器等的互联网。

用Python编程所必需的

Python 是需要解释器的编程语言（关于解释器，请参阅【Lesson 1-3】中的相关说明）。为此，编程需要文本编辑器和 Python 的解释器。

这些都需要登录 Python 的官方网站（https://www.python.org/），下载并在计算机中进行安装。安装后才能够使用 Python。

因为下载下来的文件中包含了集成开发环境"IDLE（Integrated DeveLopment Environment）"，所以如果使用该软件，就无需再另外准备文本编辑器了（图 2-1-1）。

MEMO ///

IDLE 是 Integrated DeveLopment Environment 的缩写。但也有传说，它是取自"Monty Python"团体的偶像名（Eric Idle）。

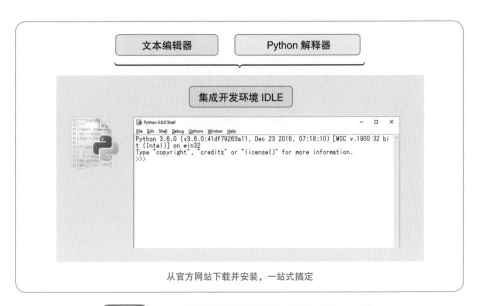

图2-1-1 Python 编程所必需的软件都可在官方网站上下载

Lesson
2-2

Python 2 系列和 Python 3 系列的差异

版本不同的两个Python

使用 Python 时，有一件事是必须注意的。那就是版本的不同。由于历史原因，Python 有两个版本，各自的程序写法也不一样。

> Python 2 系列和 Python 3 系列的语法是不一样的。如果你才开始学习，推荐使用 Python 3 系列。

Python 2系列和Python 3系列

虽然都统称为 Python，其实有"版本 2"和"版本 3"两个系列。本书成稿时，前者的最新版本是"2.7.13 版"，后者的最新版本是"3.6.0 版"。

> MEMO
>
> Python 2 系列被标记为"Python 2"或"Python 2.x.x"；Python 3 系列被标记为"Python 3"或"Python 3.x.x"。

存在两种版本的原因是，在"3.0 版"中对语言规格进行了大量的整理和修改，而 Python 2 系列的程序如果不进行同样的修改就没有办法运行。

基于这个理由，Python 的最新版本虽然已经是"3.6.0 版"了，但为了那些依然使用旧的语言规格的人们，Python 2 系列的"2.7.13 版"也作为正式版本保留了下来（图 2-2-1）。

现在刚开始的话，推荐使用Python 3系列

Python 2 系列怎么说都是"老版本的 Python"。2010 年开始进入维护状态，如果发现致命缺陷会修正软件，但不会再增加新的功能了。所以，现在刚开始学习编程的人，应该使用 Python 3 系列的最新版本。

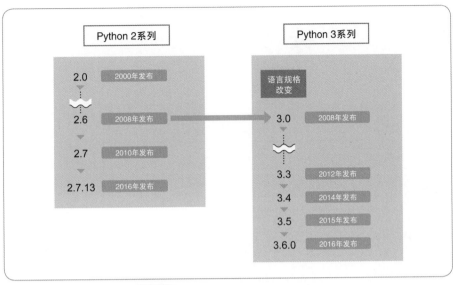

图2-2-1　Python 2 系列和 Python 3 系列

本书的讲解主要以 Python 3 系列为主，Python 2 中的运行结果会随时补充说明。

MEMO ///

用 Python 2 系列开发的程序，可以通过 Python 2.6 以上版本里附带的 "2to3" 工具，在一定程度下自动转换成在 Python 3 系列中能运行的程序。

知识栏　○ ○ ○ ○ ○ ○ ○ ○ ○ ○

Python 3 系列中一部分模块不能正常运行

Python 中可以使用"模块"（请参阅【Lesson 4-7】）来扩展功能。使用模块能进行图形和科学计算、图表绘制、3D 绘图、音乐操作等各种操作。

这些模块在 Python 2 系列和 Python 3 系列中有所差异，Python 2 系列的专用模块在 Python 3 系列中不能正常运行。

在这些模块内还有一些 Python 3 系列不支持的内容存在。如果非常需要使用这些功能，就只能在 Python 2 系列中编程了。

编程的准备工作

安装Python

基本说明到这里就结束了。接下来我们要从官方网站下载并安装 Python。对 Windows 系统和 Mac 系统分别说明安装方法。

终于要安装 Python 啦！

对 Windows 和 Mac 两种操作系统分别进行说明哦！

哈哈，对我这种 Mac 用户太有帮助了！

▮ Windows系统的安装

Windows 系统的安装步骤如下。

1. 下载安装程序

使用 Web 浏览器访问 Python 官方网站的下载网页。

▶https://www.python.org/downloads/

用 Windows 操作系统的计算机访问时，会显示 Windows 专用的下载页面。请单击"Download Python 3.6.0"来下载安装程序（图 2-3-1）。

> MEMO //
> 显示的网页是本书成稿时的下载页面。随着网页的更新，下载方法会有所不同。另外，如果出现新的版本，请下载最新版本。

MEMO //
　　如果显示的是其他操作系统的下载网页，请在写有"Looking for Python with a different OS? Python for"的位置处，单击"Windows"。

图2-3-1　Windows 系统的下载

2. 运行安装程序

　　请双击已经下载成功的"python-3.6.0.exe"文件（下载的版本不同，文件名也会不同）。如果出现安全警告的对话框，请单击"运行"按钮（图 2-3-2）。

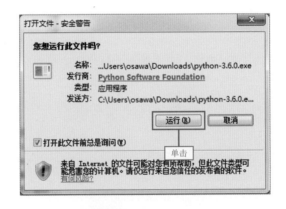

图2-3-2　安全警告对话框

MEMO //
　　由于安装环境的不同，安全警告对话框有时不会出现。

3. Python 的安装

　　一旦按下"运行"按钮，安装程序就被启动。请先勾选画面最下方的"Add Python 3.6 to PATH"选项。然后单击"Install Now"（图 2-3-3）。

图2-3-3 Python 的安装画面

MEMO ///

　　"Add Python 3.6 to PATH" 的设定是指追加上 Python 程序的运行路径。勾选上此选项的话，在命令行窗口里输入 "Python" 就可以运行 Python（请参阅【知识栏　在 IDLE 以外的地方启动 Python】）。

4. 用户账户控制

　　如果显示出 "用户账户控制" 的黑色对话框，请单击 "确定" 按钮。安装过程就开始了。

MEMO ///

　　由于安装环境的不同，用户账户控制对话框有时不会出现。

5. 安装完成

　　显示出 "Setup was successful" 信息，就表示安装成功了。单击 "Close" 按钮，关闭安装程序（图 2-3-4）。

图2-3-4 安装完成

Mac系统的安装

Mac 系统的安装步骤如下。

1. 下载安装程序

使用 Web 浏览器访问 Python 官方网站的下载网页。

▶https://www.python.org/downloads/

用 Mac 操作系统的计算机访问时，会显示 Mac 专用的下载页面。请单击 "Download Python 3.6.0" 来下载安装程序（图 2-3-5）。

图2-3-5　Mac 系统的下载

MEMO ///

　　显示的网页是本书成稿时的下载页面。随着网页的更新，下载方法会有所不同。另外，如果出现新的版本，请下载最新版本。

MEMO ///

　　如果显示的是其他操作系统的下载网页，请在写有 "Looking for Python with a different OS? Python for" 的位置处，单击 "Mac"。

2. 运行安装程序

请双击已经下载成功的 "python-3.6.0-macos10.6.pkg" 文件（下载的版本不同，文件名也会不同）来运行。

3. Python 的安装

一旦运行，安装程序就启动了。请单击画面上的 "继续" 按钮（图 2-3-6）。随后显示 "请先阅读" "许可" 画面,也请同样地单击 "继续" 按钮。如果显示 "你必须同意用户协议" 的信息，请单击 "同意" 按钮。

4. 目的宗卷的选择

选择好目的宗卷，然后单击"继续"按钮（图 2-3-7）。

 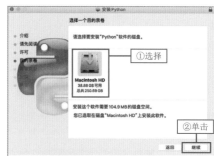

图2-3-6　Python 的安装　　　　图2-3-7　安装路径的选择

5. 安装的种类

以上的准备工作完成后，请单击"安装"按钮（图 2-3-8）。安装过程中，如果询问密码，请输入登录 Mac 系统时的用户密码，再单击"安装软件"。

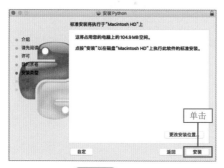

图2-3-8　安装

6. 安装完成

等待一段时间，安装就完成了。请单击"关闭"按钮来结束安装。如果询问是否要把安装程序移到废纸篓的话，单击"移到废纸篓"来删除安装程序（图 2-3-9）。

图2-3-9　安装完成后把安装程序移到废纸篓

安装Mac系统的Tcl/Tk

Mac 操作系统下，还需要安装附加软件"Tcl/Tk"。

"Tcl/Tk"是提供窗口显示和图形功能的程序。如果没有 Tcl/Tk，Python 虽然能够运行，但书中讲解的集成开发环境"IDLE"有可能运行不了，也可能第 6 章或第 7 章中说明的示例不能运行。

MEMO

Tcl/Tk 读成 "ti-kol t-k-"。

Tcl/Tk 库里有很多种类的东西。这里是指安装"ActiveTcl"软件包。

ActiveTcl 的安装步骤

1. 下载 ActiveTcl 安装程序

所需的 ActiveTcl 版本要根据 Python 的版本，OS 的版本来决定，所以请访问下面的 URL 来确认合适的版本。

▶https://www.python.org/download/mac/tcltk/

MEMO

请注意 URL 中不是字符串"downloads"，而是"download"，最后没有字母"s"。如果 URL 无法访问，请尝试检索关键字"Python Mac Tcl"。

如图 2-3-10 所示，本书成稿时推荐的是"ActiveTcl 8.5.18.0"。单击链接就会跳转到 ActiveTcl 的下载页面。

MEMO

ActiveTcl 的下载站点是"https://www.activestate.com/activetcl/downloads"。

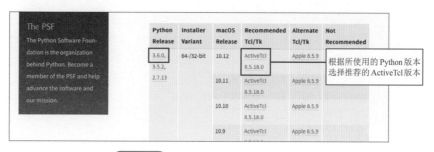

图2-3-10　确认 ActiveTcl 的版本

ActiveTcl 下载站点的右侧显示有最新版本，这是比 Python 3.6.0 所需版本还

要新的版本（图2-3-11）。但我们不需要最新版，而是向下滚动页面来找到版本
"8.5.18.0"（图 2-3-12）。

直接单击右侧的链接进行下载是
错误的。请向下滚动页面直到到
达图 2-3-12 所示的位置。

图2-3-11　ActiveTcl 的下载页面

图2-3-12　下载 ActiveTcl 的 8.5.18.0 版

MEMO //

　　这里要安装的ActiveTcl是社区版"Community Edition"，不能用于商
业用途。如果是商用请付费购买商业版"Business Edition"。

2. 运行安装程序

下载完成后请运行安装程序。安装程序启动后，按着 control 键的同时单击画
面中央的"ActiveTcl-8.5.pkg"图标，选择 [打开] 菜单（图 2-3-13）。

接着会弹出无法验证开发者的提示信息框。单击信息框中的"打开"按钮（图
2-3-14）就开始安装 ActiveTcl 了。

MEMO //

　　如果直接单击图标运行的话，会弹出安全警告导致无法安装，所以
必须按着control键的同时单击图标。

图2-3-13 ActiveTcl 的安装

图2-3-14 打开程序包

3. 安装

选择好目的宗卷后，会显示图 2-3-15，请单击图中的"安装"按钮。安装过程中，如果询问密码的话，请输入登录 Mac 系统时的用户密码，再单击"安装软件"。

图2-3-15 安装

4. 安装完成

等待一段时间，安装就完成了。请单击"关闭"按钮来结束安装。如果询问是否要把安装程序移到废纸篓的话，单击"移到废纸篓"按钮来删除安装程序（图 2-3-16）。

图2-3-16 安装完成后把安装程序移到废纸篓

Lesson 2-4

为了早日适应Python

尝试着执行简单命令

安装结束后，让我们运行 Python 吧。这里试着启动 Python 的集成开发环境 IDLE，并执行简单的命令。

安装完成后，就开始编程啦！

首先为了适应 Python，我们在 IDLE 中执行简单命令吧！

启动IDLE

在本章中为了编写 Python 程序，使用集成开发环境 IDLE。启动 IDLE 如下所示。

Windows 系统

选择 [开始] 菜单中的 [所有应用]－[Python 3.6]－[IDLE]（图 2-4-1），就会弹出 IDLE 窗口（图 2-4-2）。

图2-4-1 启动 IDLE

图2-4-2 IDLE 窗口（Windows）

Mac 系统

启动 Launchpad 后，请单击"IDLE"图标（图 2-4-3）。

在提示符后输入命令

看了图 2-4-2 和图 2-4-4 就会明白，不管是 Windows 系统还是 Mac 系统，启动的 IDLE 在窗口构成和操作方法上都是一样的。

图2-4-3   启动 IDLE   图2-4-4   IDLE 窗口（Mac）

从画面上可以看到，在刚刚启动的窗口里显示了版本等信息，后面还显示了这样的字符：

```
>>>
```

它被称作"提示符（prompt）"，是"接受命令"的意思。

在提示符后输入 Python 命令，就可以一行接一行地执行命令。而这种"能够逐行输入命令的模式"被称为"交互模式"。

输入计算公式

那么，试着在提示符后面输入命令吧。首先输入

```
1+1
```

然后按下 Enter 键。屏幕上应该显示出加法运算结果"2"（图 2-4-5）。

MEMO //

请关闭中文输入法，输入半角字符"1+1"。如果你输入的是全角字符，就不会显示出正确结果。

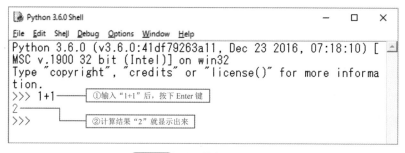

图2-4-5 刚计算完"1+1"时

"1+1"看起来好像只是计算公式，但这其实就是 Python 命令。

Python 接收了"1+1"的命令，接着把计算结果"2"显示到屏幕上。然后又显示提示符。

>>>

这样就可以输入下一条命令了。Python 命令被称为"语句（statement）"。

本书的记述方法

在窗口中的实际操作，如果原封不动地记述下来的话，会感到冗余，又不方便阅读。所以本书中对 IDLE 的命令提示符后（交互模式）的操作，都如下这般记述。

这里，">>>"提示符后面的"1+1"是用户输入命令的地方。按 Enter 键执行命令，下一行显示的蓝色字符"2"是运行结果。请注意">>>"提示符是不需要用户输入的，在显示出来的">>>"提示符后面才是输入的命令。

另外，IDLE 窗口中显示的字符颜色是系统缺省的配色，本书也采用这种字符颜色。

知识栏 ○ ○ ○ ○ ○ ○ ○ ○ ○ ○

在 IDLE 以外的地方启动 Python

上面我们都使用了集成开发环境 IDLE。其实也可以用命令行启动 Python。启动操作如下所示：

Windows 系统

• 选择 [开始] —[所有应用程序]—[Python 3.6]—[Python 3.6]

或者

• 打开命令行窗口，输入命令 "python"

Mac 系统

打开 [终端]，输入命令 "python 3"

> **MEMO** //
>
> 因为在 Mac 系统里预装了 "Python 2 系列"，所以在终端里输入命令 "python" 的话，就会启动原来预装好的 Python 2 系列。如果想要启动自己安装的 Python 3 系列，就必须输入命令 "python 3"。请一定注意。

用命令行启动 Python 时，也会显示 ">>>" 提示符。输入命令的方法和在 IDLE 中是一样的。但是，用命令行启动的 Python 不具有第 3 章中所讲解的文件新建和文件编辑等功能。

Lesson
2-5

学习命令和出现错误的基本知识

尝试使用交互模式

现在，**Python** 已经能正常运行了，我们尝试在交互模式下做做计算，执行些简单命令吧。

利用 Python 的交互模式，逐渐熟悉编程过程。

▌试着计算

【Lesson 2-4】中在显示的 ">>>" 提示符后输入 "1+1"，就执行加法运算。当然，也可以执行加法以外的计算。减法用 "-" 号，乘法用 "*" 号，除法用 "/" 号来表示。另外跟除法有关的，还有舍弃小数点以下的整除用 "//" 号和求余数用 "%" 号表示。

这种用于计算的符号被称作 "运算符"，特别是像 "A+B" 这种，用于连接 "A" 和 "B" 两个项目的符号被称作 "二元算术运算符"。主要的二元算术运算符汇总见表 2-5-1。

表2-5-1　二元算术运算符

二元算术运算符	含义
+	加法
-	减法
*	乘法
/	除法
//	舍弃小数点以下的整除
%	求余数

这些数字和符号，依然请关闭中文输入法，输入半角字符。如果输入的是全角字符，就会发生错误（关于错误会在后面说明）。

另外，运算符的前后可以插入空格。如下所示的两种输入都是正确的。

交互模式

>>> 1+1 [Enter]

```
交互模式
>>> 1 [ ] + [ ] 1 [Enter]          插入空格是一样的
```

插不插入空格都可以。不过输入空格的话，语句更容易读懂。

MEMO ///
这里所说的只是在运算符的前后。如果在行首插入空格的话，就会如下文所说的那样，出现错误。

那么，让我们实际计算几个吧。二元算术运算符是可以连续使用的。例如可以输入"1+2+3+4+5"。

```
交互模式
>>> 1+2+3+4+5 [Enter]
15
```

接下来试着做乘法和除法。例如计算"3*4+1"。

```
交互模式
>>> 3*4+1 [Enter]
13
```

计算的优先顺序跟在数学里是一样的，"乘法（*）"和"除法（/, //, %）"比加法和减法优先。也就是说，在上例中，先计算"3*4"得到 12，然后再加上 1，得出结果是 13。

计算的优先顺序可以通过使用括号来改变。这也跟在数学里是一样的。

例如，刚才的"3*4+1"使用括号后变成如下形式：

```
交互模式
>>> 3*(4+1) [Enter]
15
```

在这种情况下，先计算"4+1"得到结果 5，然后再乘以 3，因此结果是 15。使用运算符"/"的除法是会计算出小数点以下位数的。不能整除时会从适当的位数上进行调整。

```
交互模式
>>> 10/3 [Enter]
3.3333333333333335
```

MEMO ///

和 Python 2 的不同点

在 Python 2 中，整数之间的除法由于计算精度到整数为止，所以"10/3"的计算结果是"3"。为了能得到结果 3.3333…，就必须输入"10/3.0"。

用运算符"//"能舍弃小数点以下部分。

```
交互模式
>>> 10 // 3  Enter
3
```

另外，使用运算符"%"能计算出余数。下面的例子就表示 10 除以 3 的余数为"1"。

```
交互模式
>>> 10 % 3  Enter
1
```

Python中行首的空格有特殊含义

刚才说过在运算符的前后插不插入空格对运行结果没有任何影响，但是在有些地方，空格是会产生影响的。

这在【Lesson 3-8】会进行具体地说明。不过在这里强调一下，在 Python 语句的行首，空格是有特殊含义的。行首的空格被称为"缩进（indent）"。如果在行首输入了多余的空格，会出现"unexpected indent"的错误信息。请一定注意不要多输入空格。

```
>>>      1 + 1  Enter
                              ┌──────── 行首有多余的空格
SyntaxError: unexpected indent
```

语法出错的时候

那么，Python 还会在其他什么情况下发生错误呢？让我们稍微了解一下出现错误的情况。

最有代表性的错误是语法错误。例如，

```
>>> 1 + 2 =
```

像这样把"="符号也输入时，因为不符合Python的语法，所以错误信息如下：

```
File "<stdin>", line 1
   1 + 2 =

SyntaxError: invalid syntax
```

"SyntaxError（语法错误）"是最常见的错误类型，在拼写错误或使用括号不正确的时候，经常显示出来（图2-5-1）。

还有一些其他的错误。比如在数学里是不允许除以 0 的。因此，

```
>>> 10 / 0
```

输入上面的语句，计算 10 除以 0 的时候，就会出现"ZeroDivisionError"的错误。

```
Traceback (most recent call last):
  File "<stdin>", line 1, in <module>
ZeroDivisionError: division by zero
```

```
        ┌── 错误名称 ──┐      ┌────── 错误内容 ──────┐
        SyntaxError: unexpected indent
```

图2-5-1　Python 的错误信息表示

Syntax ＝语法／ Error ＝错误
语法……也就是说出现了"语句的语法不正确"的错误。

unexpected ＝意料之外的／ indent ＝缩进
这里的"意料之外的"是不存在的意思。也就是说出现了"不存在符合这种语法的缩进"的错误。

你们说得都很对。根据错误名称和错误内容能大致推测出哪里出错了。

执行命令

试着执行计算以外的命令吧。比如，如何显示日历呢？ Python 有可以显示日历的"calendar"模块（关于模块，请参阅【Lesson 4-7】中的相关说明）。我们使用它就可以很简单地表示日历。

为了使用calendar模块，请输入如下命令：

交互模式

```
>>> import calendar Enter
```

"import"命令是"要使用这个模块（这里是 calendar）"的意思。
然后再继续输入下面的命令。

交互模式

```
>>> print(calendar.month(2017,12)) Enter
```

2017 年 12 月的日历就应该在屏幕上显示出来（图 2-5-2）。

MEMO ///

Python是区分大小写字母的。这里的英文字母全部都是小写字母。
另外，请关闭中文输入法，输入半角字符。

"print"是在屏幕上显示字符、数字等的命令（详细说明在【Lesson 3-1】中）。
而"calendar.month(2017,12)"是"获取 2017 年 12 月的日历"的命令。

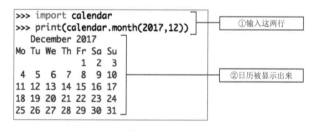

图2-5-2 显示日历

从这个示例可以看出，如果你想显示 2018 年 1 月的日历就输入如下命令。

交互模式

```
>>> print(calendar.month(2018,1)) Enter          修改的地方
```

括号中的这个是"参数",对于命令而言,需要给参数设定具体的数值。本书后面会对此进行补充说明。

也可以显示窗口

Python 也能显示出窗口。窗口的操作要使用"tkinter"模块(详细说明在【Lesson 6-2】中)。

> **MEMO** //
> Mac 系统里想使用 tkinter,就必须安装 Tcl/Tk(请参阅【安装 Mac 系统的 Tcl/Tk → P25】)。

> **MEMO** //
> tkinter 是 Python 的标准模块,还可以使用功能更强大的外部模块 wxPython(https://wxpython.org/)等进行窗口操作。

为了进行窗口操作,首先需要导入 tkinter。

交互模式
```
>>> import tkinter [Enter]
```

接着执行在窗口中显示信息的命令(图 2-5-3)。例如,执行如下命令就会显示写有"Hello"信息的窗口(图 2-5-4)。

交互模式
```
>>> tkinter.Label(None, text="Hello").pack() [Enter]
```
想显示的字符

> **MEMO** //
> 字符串 Label 中的"L"、None 中的"N"、Hello 中的"H"都是大写字母。

```
>>> import tkinter
>>> tkinter.Label(None, text="Hello").pack()
>>>
```
图2-5-3 输入显示窗口的命令时

输入这两行命令并运行就会把信息显示在窗口里

图2-5-4 执行命令而显示出来的窗口

在这种状态下再执行一条 Label 命令的话，就会在"Hello"信息下面再显示出字符（图 2-5-5）。

图2-5-5　追加字符时

知道命令就能做任何事情

如上所述，在交互模式下输入命令就能被执行。因此，只要知道命令就能实现各种各样的功能。

本书将对 Python 的语法和命令进行整体说明。但是如果你想提前了解，可以查阅 Python 的命令列表。

Python 的命令列表总结在"Python 语言参考"（图 2-5-6）里。

▶https://docs.python.org/zh-cn/3.6/library/

到目前为止已经讲解过的"print""tkinter"等的用法，也在此参考中有清晰的记载。

图2-5-6　Python 标准库

Chapter 3

编写 Python 程序时的规则

编写Python程序时有各种各样的规则。在这一章中，我们学习关于文件处理，字符、数字、空格的处理，以及不会发生错误的书写方法等基本规则。

使用 IDLE 制作程序文件的方法

把命令汇总到一个文件里

第 2 章中，我们是一行一行地执行命令。但是每次都要亲自输入执行的命令是非常困难的，又很容易出错。因此在这里，将说明把命令汇总成一个文件的方法。

在交互模式下命令是一行一行地执行的，所以使用起来不太方便呢。

使用 IDLE 的编辑功能制作程序文件，可以让多行命令事先编辑好。我们来记住使用方法吧！

把Python命令汇总成一个文件

在 Python 里，可以提前将想要执行的命令汇总成文件，然后读入这个文件就能执行其中的命令。

不需要像前一章似的，在交互模式下逐行输入并按下回车键，因此敲错命令的次数会变少。另外，也可以打开同一个文件多次执行，或者交给别人来执行。

将命令汇总在一起的文件被称为"程序文件"或者"程序"（图 3-1-1）。

可以用文本编辑器来编写程序

作成一个文件的 Python 程序，跟一般的"文本文件"是一样，可以使用文本编辑器来编写。

> MEMO //
>
> 所谓文本文件，是指仅由人类能够读写的字符构成的文件。可以通过使用 Windows 系统里的"记事本"，Mac 系统里的"文本编辑"等来编辑和保存，文件扩展名为".txt"。

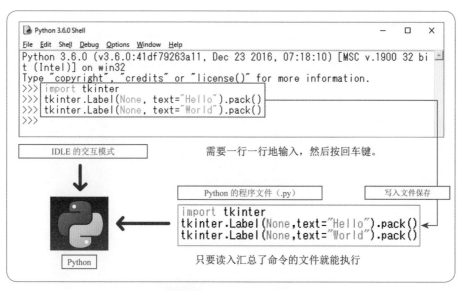

图3-1-1 将命令汇总成一个文件

用文本编辑器编写程序，保存时文件的扩展名不能是".txt"而要指定成".py"。就像"example.py""test.py"等这种以".py"结尾的文件名。这样才能在 Python 里执行。

第 2 章中说明的"IDLE"具备文本编辑器的功能。使用它的话，就不需要再安装其他的文本编辑器，很省事。

从现在开始，本书将讲解如何使用 IDLE 来编写 Python 程序。

新建Python的程序文件

我们先来看看创建程序文件的方法吧。首先，在启动的 IDLE 中，选择 [File] 菜单中的 [New File] 选项（图 3-1-2）。

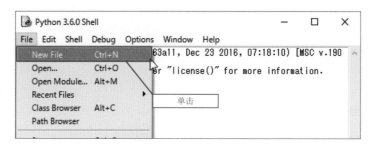

图3-1-2 从 IDLE 中新建文件

编写Python的程序

选择 [New File] 选项后，会出现如下所示的编辑窗口（图 3-1-3）。在这里面输入程序。

图3-1-3 编辑窗口刚创建时

为了在屏幕上显示结果的"print"语句

写入文本文件中的 Python 命令，跟在第 2 章中的交互模式下的命令，在写法上大致相同。但是，有一个很大的区别就是"运行结果不会自动地显示在屏幕上"。比如在第 2 章中输入"1+2"的命令，屏幕上就会显示出"3"。

交互模式

```
>>> 1 + 2 [Enter]
3
```

同样地，在图 3-1-3 的 IDLE 编辑窗口里输入"1+2"命令。

IDLE编辑器

```
1+2
```

像这样保存成文件后运行文件，并没有显示出计算结果。

因为"在屏幕上显示结果"这个功能是交互模式特有的。如果想在屏幕上显示结果的话，就必须使用显示命令。

在 Python 里，想要在屏幕上显示信息是需要使用"print"命令的。比如想显示 1+2 的计算结果，就要写成：

```
print(1+2)
```

我们试着在程序文件中写入"print"命令吧（图 3-1-4）。

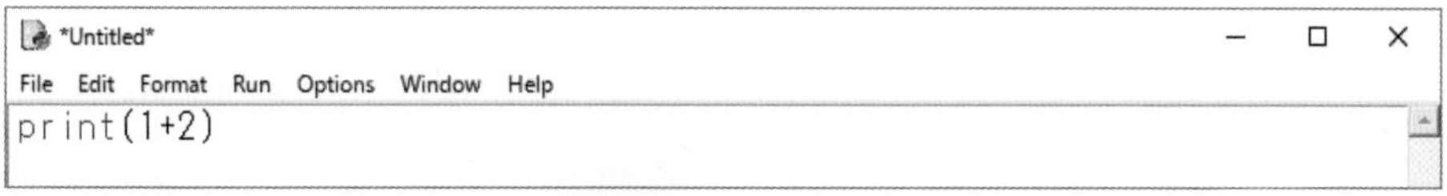

```
*Untitled*                                              —  □  ✕
File  Edit  Format  Run  Options  Window  Help
print(1+2)
```

图3-1-4 写入 "print"

知识栏 ◯ ◯ ◯ ◯ ◯ ◯ ◯ ◯ ◯ ◯

Python 2 中不需要括号

在 Python 2 中可以如下所示地省略括号。

```
print 1 + 2
```

因为在 Python 2 中它作为"语句（statement）"，而在 Python 3 中作为"函数（function）"来实现的（关于函数，在【Lesson 3-5】中进行说明）。

编辑时的注意事项

编辑 Python 程序的时候，请注意以下几点。

1. 程序中的英文字母和数字，请一定输入半角的

一定要关闭中文输入法。

另外，大小写字母是有区别的。例如刚才的"print"要是写成了大写字母的"PRINT"就会运行出错。

2. 请不要插入多余的空格

Python 程序中的空格有时是有特殊含义的。

虽然有时插不插入空格都不会对运行结果造成影响。但为了避免出现不必要的错误，还是请完全按照本书内容进行输入吧。

文件保存

程序编辑完成后，选择 [File] 菜单中的 [Save] 选项来保存文件（图 3-1-5）。

选择 [Save] 选项后，会询问你文件的保存场所。虽然可以保存在任何地方，但我们选择保存在"文档"文件夹中。

保存文件是需要文件名称的。指定任何名称都可以，这里作为例子起名为"example03-01-01.py"（图 3-1-6）。另外，为了能在各种环境中正常运行，请不要

使用带有中文字符的文件名。

MEMO //

Mac 系统中也是选择[File] 菜单中的[Save]选项，然后指定扩展名为
".py"的文件名后保存。关于保存场所，要选"文稿"这类容易理解的
用户文件夹。

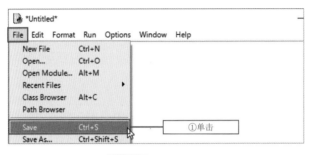

图3-1-5 文件保存

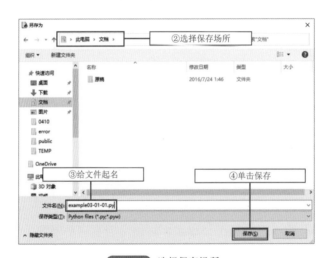

图3-1-6 选择保存场所

文件运行

文件保存后试着运行一下。选择 [Run] 菜单中的 [Run Module]（图 3-1-7），
或者按下 [F5] 键都可以运行。

文件一运行就显示出运行结果。因为程序里是"print(1+2)"语句，所以显示
的运行结果就是"3"（图 3-1-8）。

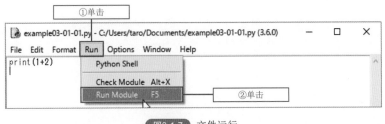

①单击

②单击

图3-1-7 文件运行

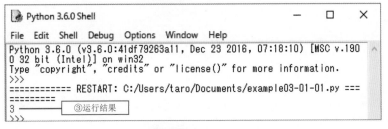

③运行结果

图3-1-8 运行结果

MEMO ///

文件保存前运行的话会出错

　　运行前是需要保存文件的。在文件保存之前运行的话，会显示错误信息。这种情况下，请单击 "OK" 按钮并保存文件。

无论运行多少次都可以

　　虽然特意保存成文件有点麻烦，但是却带来不少好处。

　　其中之一就是 "可以多次运行"。选择 [Run] 菜单中的 [Run Module] 选项，或按下 [F5] 键，同一个程序文件可以被无数次地运行来确认运行结果。

当然，把自己编写的程序发送给朋友或同事，让他们来运行也是可以的哦。

Lesson 3-2

文件的改写，追加补充和换名保存的方法

尝试写入很多命令

在【Lesson 3-1】中制作的文件里只有一个命令。这次我们将写入很多命令，让它们按顺序运行。

可以写入很多的命令并保存成程序文件呢。

是的。接下来我们要在刚才保存的文件后面追加命令，再换个名称保存文件并且运行它。

写入很多的命令

Python 程序中按顺序编辑了很多命令的话，它们会从上到下依次运行的。

【Lesson 3-1】中我们写入了计算"1+2"的命令，现在我们在下面接着写入计算"3+4"和"4+5"的命令。程序就变成：

List example03-02-01.py

```
1  print(1+2)
2  print(3+4)
3  print(4+5)
```
├── 这两行是追加补充的

实际上，在 IDLE 里编写程序就如图 3-2-1 所示。

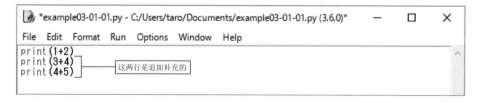

图3-2-1 当试着追加了两行程序时

换个名称保存

直接保存文件，以前那个只有一行的程序文件就会被覆盖。

因此我们试试换个文件名保存。为了换名保存，选择 [File] 菜单中的 [Save Copy As] 选项（图 3-2-2），就会弹出输入文件名的对话框，这里就用 "example03-02-01.py" 名称来保存吧（图 3-2-3）。

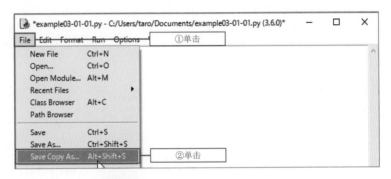

图3-2-2 选择 [Save Copy As] 选项来另存

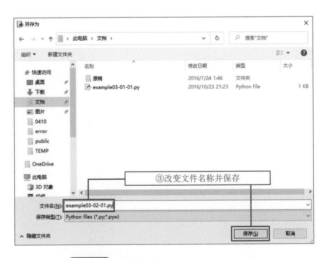

图3-2-3 保存为 "example03-02-01.py"

文件运行

文件保存后试试运行吧。选择 [Run] 菜单中的 [Run Module] 选项，或按下 [F5]

键来运行。

文件一运行就如图 3-2-4 所示，"3""7""9"被依次显示出来。它们分别是"1+2""3+4""4+5"的运行结果。

从这个结果可以看出，Python 程序是从上到下，一个接一个地运行命令的。这里只写了 3 行命令，如果写 4 行、5 行甚至更多行，也会按从上到下的顺序运行。

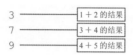

example03-02-01.py的运行结果

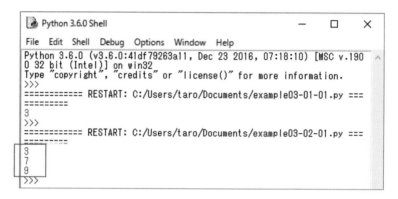

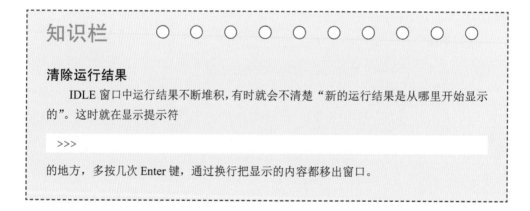

图3-2-4　IDLE 中的运行结果

知识栏　○ ○ ○ ○ ○ ○ ○ ○ ○ ○

清除运行结果

IDLE 窗口中运行结果不断堆积，有时就会不清楚"新的运行结果是从哪里开始显示的"。这时就在显示提示符

```
>>>
```

的地方，多按几次 Enter 键，通过换行把显示的内容都移出窗口。

Lesson 3-3

即存程序文件的打开方法

打开即存文件

到目前为止制作了"example03-01-01.py"和"example03-02-01.py"两个文件。如何才能重新打开这些文件呢？我们来进行说明。

> 程序文件操作的说明在本课就要结束喽。

结束IDLE

想要结束 Python 的 IDLE，简单地单击右上角的 [×] 按钮，或者选择 [File] 菜单中的 [Close] 选项或 [Exit] 选项。选择 [×] 按钮或 [Close] 选项只关闭当前窗口。选择 [Exit] 选项是结束 IDLE。

我们不结束 IDLE，试着单击 [×] 按钮或选择 [Close] 选项来关闭窗口（图 3-3-1）。

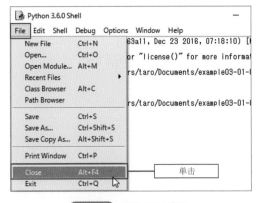

图3-3-1 关闭 IDLE 窗口

重新打开即存文件

打开即存文件，选择 [File] 菜单中的 [Open] 选项（图 3-3-2），就会出现打开文件的窗口，你指定文件，该文件就会被打开。

另外，如果你想打开最近使用过的文件，可以从 [File] 菜单中的 [Recent Files] 选项中选择打开（图 3-3-3）。

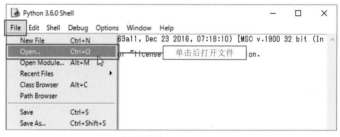

图3-3-2　打开文件

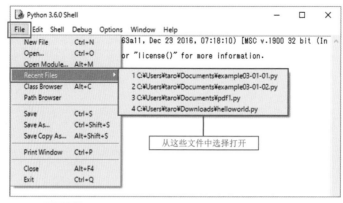

图3-3-3　从 [Recent Files] 选项中打开最近使用过的文件

打开文件就能运行

文件打开后,选择 [Run] 菜单中的 [Run Module] 选项,或按 [F5] 键就能够运行。如上所示打开即存文件后,能运行无数次。

IDLE中的文件操作和运行的总结

我们来总结到目前为止讲解过的操作方法。以下是 Windows 系统和 Mac 系统的相同之处。

- 保存文件或打开文件的操作都从 [File] 菜单中选择。
- 选择 [Save] 选项能直接保存文件。选择 [Save Copy As] 选项能复制并保存文件。想修改即存文件,再换名保存的时候,也选择 [Save Copy As] 选项。
- 打开即存文件要选择 [Open] 选项。想打开最近使用过的文件就从 [Recent Files] 选项处打开。

由于文件的保存操作和打开操作都是相同的,本书后续就不再做说明。如果文中出现"保存""打开"等词语,请参阅本课的内容。

Lesson
3-4

总结"字符＝字符串"的基本规则

显示字符串

Python 不仅能处理数值，还能处理字符。但是字符处理需要一些特殊的写法。

开始学习 Python 中显示字符的方法吧！

字符需要用双引号["]或单引号[']括起来

在 Python 中，字符被称为"字符串"。字符串的"串"是指字符不是一个而是多个连在一起的意思。但即使只有一个字符也可以称为字符串。

为了表示字符串，需要用双引号 ["] 或单引号 ['] 把整个字符串括在一起。譬如为了表示［abc］字符串，就需要表示成 ["abc"]，或者［'abc'］。

前面已经说过了，如果插入多余的空格可能会出现错误，所以请不要在双引号或单引号前后插入空格。

```
"abc"
```

或者

```
'abc'
```

双引号["]和单引号[']的区别

在 Python 中，双引号 ["] 和单引号 ['] 是没有区别的。前面是双引号 ["] 的话后面也要用双引号 ["]，前面是单引号 ['] 的话后面也要用单引号 [']。这两种组合，不管用哪种效果都一样。

因此本书中，只要没有特别的理由都统一使用双引号 ["]。

但是，双引号 ["] 括起来的字符串中不能再出现双引号 ["]。单引号 ['] 括起来的字符串中不能再出现单引号 [']。当字符串中有双引号 ["] 的时候，一般就需要用

单引号 ['] 把整个字符串括起来，字符串中有单引号 ['] 的时候，一般就需要用双引号 ["] 把整个字符串括起来。

例如，想要记述的字符串是 [It's a pen]，这种含有单引号 ['] 的字符串就需要用双引号 ["] 把整体括起来。如果用单引号 ['] 括起来的话，由于 1 个字符串中有 3 个单引号 ['],就会发生错误。

[It's a pen]的表示：

   "It's a pen"   ➜ 正确的写法

   'It's a pen'   ➜ 不正确（用单引号括起来的字符串中还有单引号 [']）

或者，单引号 ['] 也可以用 [\'] 来表示。这被称为 "转义序列"。关于转义序列，请参阅【Lesson 3-7】中的相关说明。

   'It\'s a pen'   ➜ 正确的写法（利用转义序列）

在屏幕上显示字符串

我们来制作在屏幕上显示字符串的程序吧。

在屏幕上显示 [abc] 字符串。

选择 [File] 菜单中的 [New File] 选项新建文件，请输入以下内容（图 3-4-1）。

 example03-04-01.py

```
1   print("abc")
```

图3-4-1 输入 print("abc") 语句

以 "example03-04-01.py" 名称保存文件并运行。你会发现 [abc] 显示在屏幕中（图 3-4-2）

这里的 ["abc"] 是双引号 ["] 括起来的。但你发现没有，在屏幕中显示时，双引号 ["] 消失了，只显示了字符串 [abc]。

顺便提一下，双引号 ["] 和单引号 ['] 的键盘输入方法如图 3-4-3 所示。

```
Python 3.6.0 Shell                                           —  □  ✕
File  Edit  Shell  Debug  Options  Window  Help
Python 3.6.0 (v3.6.0:41df79263a11, Dec 23 2016, 07:18:10) [MSC v.190
0 32 bit (Intel)] on win32
Type "copyright", "credits" or "license()" for more information.
>>>
============= RESTART: C:/Users/chiro/Documents/example03-04-01.py ==
==========
abc
>>>
```

图3-4-2 运行结果（在屏幕上只显示［abc］）

图3-4-3 双引号 ["] 和单引号 ['] 的键盘输入方法

注意[\]字符

处理字符串的时候有一个注意点。那就是 [\] 字符。

例如想显示 [\10,000]。如果直接输入 [\10,000] 并运行的话,字符串中的 [1] 不会正常显示。

```
● ● ●            *Untitled.py - /Users/user01/Documents/Untitled.py (3.6.0)*
print("\10,000")
```

图3-4-4 [\] 字符的问题（如下输入时不显示 [1]）

实际运行如图 3-4-5 所示,[1] 的部分是乱码。原因是在 Python 中 [\] 字符有特殊的用途。所以制订了一个规定:[\] 字符要写成 [\\]。

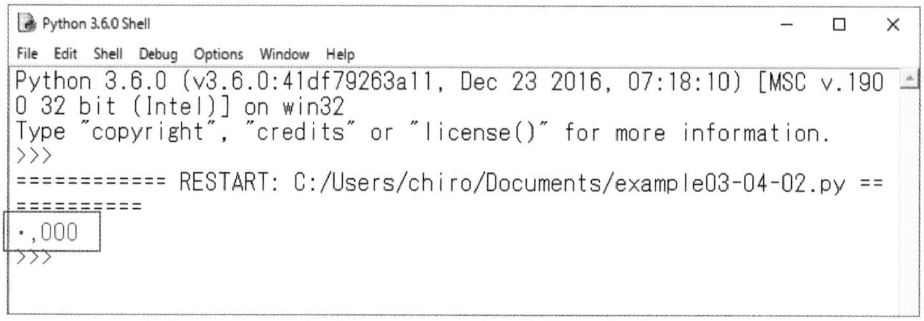

图3-4-5 运行结果（出现乱码）

因此，写成下面这样就能正确显示了。

List example03-04-02.py

```
1   print("\\10,000")
```

关于 [\] 字符有什么特殊含义，请参阅【Lesson 3-7】中的说明。

知识栏 ○ ○ ○ ○ ○ ○ ○ ○ ○ ○

使用原始字符串（raw String）

正确表示 [\] 字符还有另外一种方法。那就是写成如下：

```
print(r"\10,000")
```

像这样在字符串前面加上 [r] 的方法。

"带有 r 的字符串"被称为"原始字符串（raw String）"，这时 [\] 字符就不作为特殊字符。字符串中包含很多的 [\] 字符的时候，用这种方法就很轻松。

同时显示字符串和数值

连接字符串

字符串可以使用 "+" 符号进行连接。字符串和数值也可以连接在一起，但需要先做转换处理。

Python 中对数值和字符串的处理方式是不同的，让我们来学习基本的写法吧！

使用"+"符号连接

使用 "+" 符号可以连接字符串。

例如，连接 "abc" 和 "cde" 时，写法如下：

List example03-05-01.py

```
1  print("abc"+"cde")
```

运行结果就是字符串连接在一起，显示成 "abccde"。

example03-05-01.py的运行结果

```
abccde
```

可以连接任意数量的字符串

使用 "+" 符号可以连接任意数量的字符串。

例如想连接 "abc" "cde" "def" 和 "hig" 时，写法如下。运行结果是 "abccdedefhig"，即所有的字符串都连接在一起显示出来。

List example03-05-02.py

```
1  print("abc"+"cde"+"def"+"hig")
```

example03-05-02.py的运行结果

```
abccdedefhig
```

知识栏 ○ ○ ○ ○ ○ ○ ○ ○ ○ ○

用 "*" 符号进行重复

处理字符串还有 "*" 运算式。"*" 符号表示 "重复"。使用 "*" 符号的写法如下：

```
print("abc"*3)
```

运行这个命令，因为是 "*3"，所以把字符串 "abc" 重复显示 3 遍。

```
abcabcabc
```

字符串和数值不能直接连接

"字符串" 和 "数值" 不能用 "+" 符号连接。例如写成下面这样，就会出错（图 3-5-1）。

List　example03-05-03.py（错误的）

```
1  print("abc"+123)
```

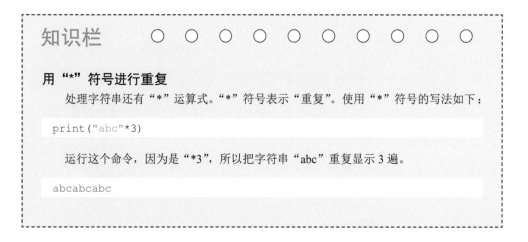

图3-5-1　example03-05-03.py 的运行结果（错误的）

这是因为"+"符号在不同的情况下具有不同的意义。如下所示：

- 对字符串是"连接"
- 对数值是"加法"

在"字符串"和"数值"之间使用"+"符号，Python 就不知道该用哪种计算方式，因此出现了错误。

那么，如何用"+"符号连接"字符串"和"数值"呢？解决的方法就是先把"数值"转换成"字符串"。

将"数值"转换成"字符串"的方法非常简单。和普通的"字符串"一样，用双引号 ["] 或单引号 ['] 把整个"数值"括起来。例如数值 123 写成 ["123"]，就转换为"字符串"了。

List example03-05-03.py（正确的）

```
1  print("abc"+"123")
```
用双引号 ["] 或单引号 ['] 括住数值

example03-05-03.py的运行结果

```
abc123
```

想和计算结果连接时

如何连接字符串"abc"和 123*234 的计算结果呢？由于 123*234 的计算结果为"28782"，如果正确连接，运行结果应显示为"abc28782"。

使用刚刚说明的将数值转换为字符串的方法，也就是说写成下面那样，运行结果是"abc123*234"，并不是期待的运行结果。

List example03-05-04.py（错误的）

```
1  print("abc"+"123*234")
```

example03-05-04.py的运行结果

```
abc123*234
```
数值并没有经过计算

为了得到期待的运行结果，有必要将 123*234 的计算结果转换成字符串。Python 中使用"str 函数"来实现这种转换。

函数是指传递给它某个"数值"后，在函数内部进行计算、加工等处理，然后返回处理结果（图 3-5-2）。

　　像这样利用函数进行处理的，一般称为"调用函数（call）"。

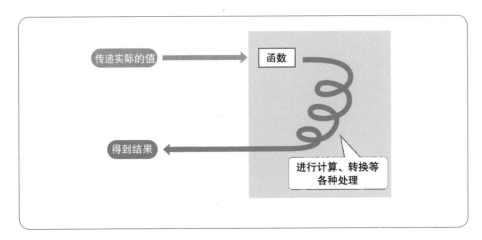

图3-5-2　函数

str 函数能将括号中传递过来的数值转换成字符串后将其返回（图 3-5-3）。

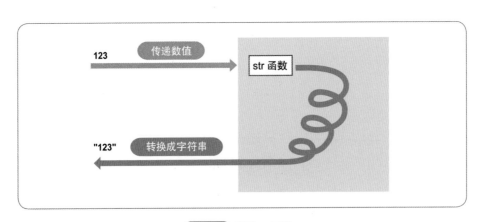

图3-5-3　调用 str 函数

使用 str 函数，将程序写成：

List　example03-05-04.py（正确的）

```
1    print("abc"+str(123*234))
```

使用 str 函数将数值转换成字符串

运行结果如图 3-5-4 所示，括号中的 123*234 的计算结果被转换成字符串返回来。返回的字符串和字符串"abc"用"+"符号连接，就得到期待的运行结果。

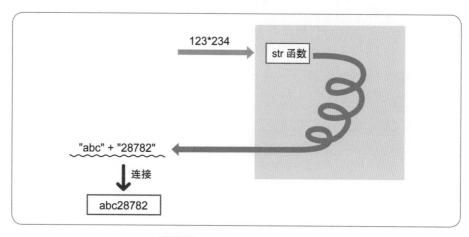

图3-5-4 调用 str 函数的处理流程

example03-05-04.py的运行结果

```
abc28782
```

综上所述，连接"字符串"和"数值"时，不能直接连接数值。需要先使用 str 函数进行转换。

除了示例的情况之外，由于某种原因想要将数值作为字符串处理时（例如，你想要从后往前第三位的数值，或者想要"特定位数的数值"时），请使用 str 函数。

本书后面会经常使用 str 函数，请记住这个函数哦。

虽然函数给人的印象是很难，但实际使用起来却很方便呢。

Python 还有许多有用的函数。而且还支持自己制作函数。我们将会在第 4 章进行详细地说明。

好嘞！让咱们先打好基础吧！

如何防止程序乱码？

为了正确显示中文所需的规则

Python 也可以显示中文。但是要注意的是，有时会因为设定不正确而不能正常显示中文。

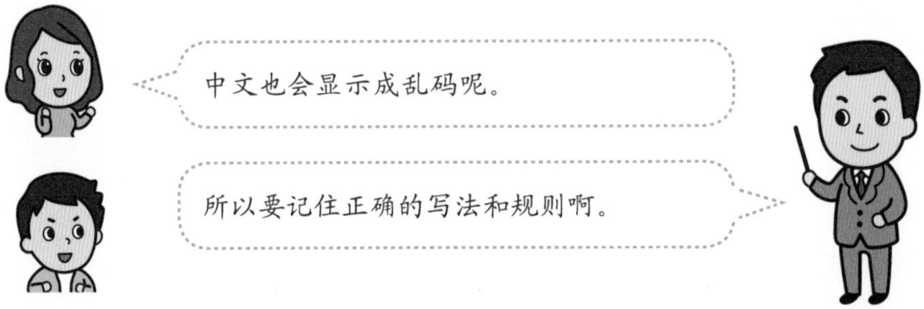

中文也会显示成乱码呢。

所以要记住正确的写法和规则啊。

可以写中文，但有时也会显示成乱码或出现错误

Python 中也允许使用中文。

比如你运行一个 "print(" 你好 ")" 的程序，屏幕上会显示出中文 "你好"。

List example03-06-01.py

```
1  print(" 你好 ")
```

example03-06-01.py的运行结果

你好

但是根据操作环境的不同，有时也会出现错误。这是由于 Python 编程，是以字符代码为 "UTF-8" 编码规则作为前提条件的。

 MEMO ///

打开中文输入法输入的只有 "你好" 两个中文字。其他的括号，双引号等都必须是半角字符。

出现错误的场合

Python 2.x时

```
  File "example03-06-01.py", line 1
SyntaxError: Non-ASCII character '\x82' in file C:\Users\osawa\
Documents\aaa.py on line 1, but no encoding declared; see
http://python.org/dev/peps/pep-0263/ for details
```

Python 3.x时

```
  File "example03-06-01.py", line 1
SyntaxError: Non-UTF-8 code starting with '\x82' in file C:\Users\
osawa\Documents\aaa.py on line 1, but no encoding declared; see
http://python.org/dev/peps/pep-0263/ for details
```

使用 IDLE 编写的 Python 程序一定是"UTF-8"编码的代码，但使用其他的文本编辑器，就有可能产生不是"UTF-8"编码的代码。

因此，在 IDLE 以外运行程序时，有时会出现一些错误。

知识栏

在文本编辑器中编写 Python 程序

字符编码是指"用什么样的数值表示字符"的规定。中文使用的字符编码如下：

● GB2312

简体中文字符集，称为国标码。通行于中国内地，新加坡等地也采用此编码。几乎所有的中文系统和国际化的软件都支持 GB2312。

● GBK

汉字内码扩展规范。GBK 编码标准兼容 GB2312，是对 GB2312 的扩展。

● Big5

繁体中文字符集。在中国台湾、香港与澳门地区使用的是 Big5。

● UTF-8

最近被经常使用的字符编码。不仅能处理中文，还能处理世界各国的文字。

在第一行或第二行明确字符编码

为了确保在任何环境下都不会出现字符编码错误，在程序的第一行或第二行写上"coding=utf-8"或者"coding:utf-8"语句。

```
# coding=utf-8
```

或

```
# coding:utf-8
```

这是指定程序的字符编码的语句。通过明确的表述，就能明白 Python 程序是用"utf-8"字符编码编写的，也就不会出现错误了。

它能防止中文被不正确地显示，所以在使用中文的时候，请一定要写上此语句。上述两种写法只是在"＝"符号和"："符号上有所不同。另外符号前后插不插入空格都是一样的。由于运行结果相同，使用哪种写法都可以。

特别是在 Python 2.x，由于缺省使用不能表示中文的"ASCII"字符编码，所以这个指定是必须的。不指定的话，在 IDLE 以外没法运行。

MEMO //
　　　"utf-8"这部分是不区分大小写的，所以也可以写成"UTF-8"。

前面刚刚说明过的 example03-06-01.py 应该写成：

正确的example03-06-01.py

```
1   # coding:utf-8  ——————————— 这句是必须的
2   print(" 你好 ")
```

这里的第一行用了"："符号，其实用"＝"符号也一样。另外，第一行和第二行是连续写入的，也可以如下所示中间空开一行（请参阅【Lesson 3-8】中的相关说明）。

```
1   # coding:utf-8
2   ↵         ——————————— 空开一行（或多行）没有问题
3   print(" 你好 ")
```

顺便说一下，这个以"#"符号开头的行是作为"注释行"来处理，对程序没有影响（请参阅【Lesson 3-9】）。

如果中文不能正常显示，请确认第一行或第二行是否有"coding=utf-8"或"coding:utf-8"的字符编码指定。

Lesson
3-7

在Python中如何让中文换行?

显示长字符串

Python 还可以处理长字符串。如果字符串中有换行符,除非使用特殊的书写方式,否则不能正确地显示。

让我们记住正确换行的表述方法和书写规则吧。虽然方法有几种,编写过程中会慢慢掌握的。

用引号括起来的范围内不能有换行符

Python 中用双引号 ["] 或单引号 ['] 括起来的范围内是不能插入换行符的。

比如像下面的程序这样,在 "print" 语句中换行,程序就无法运行,会显示错误信息(图 3-7-1)。

List　example03-07-01.py(错误的)

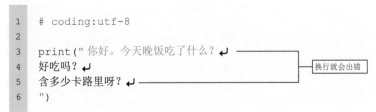

```
1    # coding:utf-8
2
3    print(" 你好。今天晚饭吃了什么? ↵
4    好吃吗? ↵
5    含多少卡路里呀? ↵
6    ")
```

换行就会出错

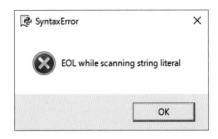

图3-7-1　example03-07-01.py 的运行结果(字符串中有换行符就会出错)

63

表示换行的特殊字符

有几种方法可以表示换行。

第一种方法是使用转义序列（Escape Sequence）表示法。转义序列是表示特殊字符的一种记号，通常在"\"符号后面加上英文字母或数值。

换行符是"\n"记号。在需要换行的位置上插入"\n"，字符串还是写在一行上。

程序中虽然只有一行，但在运行时"\n"记号会替换成换行符。在相应位置进行换行显示。其他的转义序列在表 3-7-1 中罗列出来。

表3-7-1 转义序列

转义序列	含义
\newline	忽略反斜杠和换行符
\\	反斜杠(\)
\'	单引号(')
\"	双引号(")
\a	响铃(BEL)
\b	退格(BS)，后退一格
\f	换页(FF)，将当前位置移到下一页的开头
\n	换行(LF)，将当前位置移到下一行的开头
\r	回车(CR)，将当前位置移到当前行的开头
\t	水平制表符(HT)，将光标横向移到下个制表符位置
\v	垂直制表符(VT)
\ooo	八进制值为ooo的字符
\xhh	十六进制值为hh的字符
\N{name}	Unicode数据库中名为name的字符
\uxxxx	16位的十六进制值为xxxx的字符
\Uxxxxxxxx	32位的十六进制值为xxxxxxxx的字符

那么试着使用"\n"记号在 example03-07-01.py 中插入换行。程序如下所示：

List example03-07-01.py

```
1   # coding:utf-8
2
3   print(" 你好。今天晚饭吃了什么？ \n 好吃吗？ \n 含多少卡路里呀？ ")
```

example03-07-01.py的运行结果

你好。今天晚饭吃了什么？
好吃吗？
含多少卡路里呀？

极其方便的三引号

使用转义序列的方法，程序中写的内容和实际运行结果不一样，其缺点就是不能所见即所得。

其实 Python 还有更简单的方法。那就是使用"三引号"括起来的方法。即连续写 3 个双引号 ["] 或单引号 ['] 的写法。使用这种写法，包括换行符在内的被括起来的内容会一模一样地显示出来。如果使用三引号，会把程序内容原封不动地显示在屏幕上，因此运行结果变得非常容易理解。

List example03-07-02.py

```
1   # coding:utf-8
2
3   print(""" 你好。今天晚饭吃了什么？
4   好吃吗？
5   含多少卡路里呀？ """)
```

用三引号 ["""] 括起来就能含换行符

不想换行的时候呢？

相反，也有不想换行的时候。不想换行的时候在双引号 ["] 或单引号 ['] 括起来的范围里不断地写入字符就可以。但是超过编辑窗口宽度时，IDLE 编辑器会截断显示，程序内容就看不完整了（图 3-7-2）。

List example03-07-03.py（用括号的情况）

```
1   # coding:utf-8
2
3   print(" 你好。今天晚饭吃了什么？好吃吗？含多少卡路里呀？ ")
```

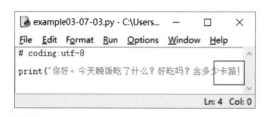

图3-7-2 IDLE 编辑器会截断最右侧的显示，不方便查看

解决方法有好几种。已经说明过的方法就有：比如可以使用"+"符号连接字符串的方法。这个方法可以在你喜欢的位置处换行。但是"+"符号仅对字符串起连接作用。

List example03-07-04.py（用"+"符号连接）

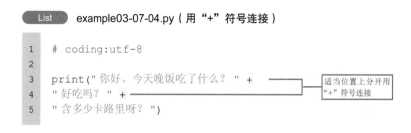

其实 Python 还有更常用的，能在喜欢的位置处换行的功能。

这种方法只需在行尾插入 [\] 符号，非常简单。行尾写入 [\] 符号，由于程序可以在任何位置换行，程序看上去比较美观（图 3-7-3）。

List example03-07-05.py（行尾写入 [\] 符号）

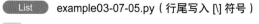

```
1   # coding:utf-8
2
3   print("你好。今天晚饭吃了什么？\
4   好吃吗？\
5   含多少卡路里呀？")
```

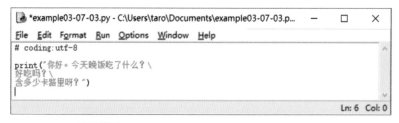

图3-7-3 文本编辑器中想换行的位置上写入 [\] 就行

在书籍上登载样本程序的时候，也经常见到这种标记。这种换行不会真正截断文章。如果不换行持续写的话得到同样的运行结果。

example03-07-03 ~ 05.py的运行结果

你好。今天晚饭吃了什么？好吃吗？含多少卡路里呀？

print命令后不想换行的时候

"print"命令执行后，会自动换行。

但是，如果命令的最后加上",end="""则能不换行。命令中的双引号 ["] 写成单引号 ['] 也可以。下面的"example03-07-06.py"就是追加了",end="""的部分而不会换行。这跟一直写下去的程序是相同的运行结果。

```
1  # coding:utf-8
2
3  print("你好。今天晚饭吃了什么？", end="")
4  print("好吃吗？", end="")
5  print("含多少卡路里呀？")
```

不换行的指示

另外，如果语句末尾没有写"end"部分，就会仅在字符串最后自动换行。它没有其他特殊的含义。

MEMO

Python 2.x 的场合，可以写成"print("字符串",)"或"print "字符串","这样，在语句末尾添加上","逗号。

Lesson 3-7

显示长字符串

不知道就会出错哦

空格、缩进、换行的作用

Python 中空格也是有含义的。特别是在行首有无空格，有时候会出现错误，有时候又不会。这可需要十分注意。

不小心插入了空格，不会有问题吧？

空格、缩进、换行的书写都是有规则的。不知道的话很容易出错呢，让我们边写边记吧！

为了程序美观，可以使用空格和换行

为了让"+""-""(""）"等符号容易被看见，可以在适当的位置插入空格。例如，

```
print("abc"+"cde")
```

这种记述就可以在括号、加号的前后插入空格。像这样就很容易看清楚。

```
print( "abc" + "cde" )
```

另外，不管插入多少个空格，运行结果都一样。

```
print(     "abc"     +      "cde" )
```

即使改成如上这样，命令的运行结果也是相同的。运行结果如下所示：

```
abccde
```

但是，在双引号 ["] 或单引号 ['] 括起来的字符串内部，如果有空格，那么这些空格会显示出来。例如，

```
print("abc          def")
```

那么，运行结果就是：

```
abc          def
```
空格也会原样显示

换行跟空格是同样的。

```
print(" 你好。今天晚饭吃了什么？")
print(" 好吃吗？")
print(" 含多少卡路里呀？")
```

上述的写法换成下面这样隔一行写一句，也是相同的运行结果（↵是换行的意思）。

```
print(" 你好。今天晚饭吃了什么？")
↵
print(" 好吃吗？")
↵
print(" 含多少卡路里呀？")
```

跟空格一样，插入几个换行符也不会影响操作。为了程序美观，可以在喜欢的位置上适当地加入换行符。

顺便说一下，只有换行符的行被称为"空行"。

只有行首的空格是例外

但是，只有在行首的空格是个例外。

行首的空格被称为"缩进（缩进值）"，它能起到统一对齐段落的作用。Python 中段落的对齐不是为了使程序容易看懂，而是表示程序的控制结构。因此，行首有多余的空格就会发生错误。

基本上，程序必须保证每行左对齐。行首有多余的空格就会出现错误，请一定注意（图 3-8-1）。相反，书写程序的控制结构时，有时必须在行的最左侧插入空格。关于这点，将在【Lesson 4-3】中进行说明。

这里需要记住的是，不要在行首插入多余的空格。

MEMO

大多数情况下，缩进不是一个空格，而是由 4 个或 8 个空格组成。输入 [Tab] 键就可以一下输入这么多数目的空格。

行首有缩进就会出错。

```
# coding:utf-8
    print(" 你好 ")
```

行首不能有空格

图3-8-1　缩进不正确的错误

知识栏　〇 〇 〇 〇 〇 〇 〇 〇 〇 〇

在 IDLE 中修改缩进

在程序的缩进不正确的情况下，一个一个地删除行首的空格很麻烦。这种情况下，如果使用 IDLE，就先用鼠标选中整体（图 3-8-A），然后按住 Ctrl 键的同时按下 [] 键，行首的缩进就消失（行首移到最左侧）（图 3-8-B）。另外，Mac 系统中可以同时按下 ⌘ 和 [] 键进行缩进的删除。

图3-8-A　用鼠标选中整体

同时按下 Ctrl 和 [] 键

图3-8-B　消除行首的空格

Lesson
3-9

如何在程序中写备注?

作为程序补充的注释写法

程序中可以写备注,它被称为"注释"。注释与程序的运行没有任何关系。Python 中以"#"符号开始的行被认为是注释。

> 为了让代码更容易读懂,请尽可能多地写注释吧。

"#"符号之后都是注释

编写程序的时候,为了向别人说明或者怕自己忘记,有时会随手写下一些备注。

为了上述这些目的,提供了能记录注释的功能。所谓注释就是与程序处理无关的,想要记录下来的内容。写注释时,只须在注释的开头加上"#"(半角)符号,"#"符号后面的内容就会被无视。

注释的例子

注释可以像下面这样记述。

List example03-09-01.py

```
1   # coding:utf-8                              ┐
2                                               ├─ 注释
3   # 在屏幕上显示字符                          ┘
4   print("你好。今天晚饭吃了什么？")    # 第一行的显示
5   print("好吃吗？")
6   print("含多少卡路里呀？")
```

代码的第一行"# coding:utf-8"其实就是注释。

注释可以写在喜欢的位置上。另外,也不是需要将程序的一整行都作为注释,

也可以在行尾加上"#"，然后将其后面内容作为注释（前面例子中的第 4 行）。

适当地写些注释会让程序更容易读懂。本书在说明程序时也会加入适当的注释。

知识栏

出现错误，进展不顺利的时候

从下一章开始，我们会具体地编写各种各样的程序。大家也请动手试试。如果进展不顺利的话，请确认下面的内容。

【不顺利时的检查要点】

让我们确认以下几点吧。

- 区分大小写了吗
- 输入全角字符了吗
- 行首的空格数量正确吗（除非需要指定，否则行首不能放空格）
- 括号的对应有错误吗
- 单引号 ['] 和双引号 ["] 没用错吧
- 字符编码正确吗
- 使用中文时，第一行或第二行中写了"coding=utf-8"或"coding:utf-8"吗
- 文件名称中没有使用中文字符吧

即使只有一个地方没写对，也会出现错误。这就是编程啊。

慢慢习惯就好了！需要多写些代码。

"出现错误了！"的时候，请按照上面的检查要点重新做做检查吧！

Chapter 4

构成程序的基本功能

编程语言中，有暂时保存数值、计算、循环处理、根据条件分开处理的基本功能。通过排列组合这些功能来编写程序。

学习这些基本功能可能会有些无聊。但是为了能够编程，这些可是必不可少的知识。我尽可能简单地，最低限度地进行一些总结和说明。

程序构成的6大要素

第 3 章中说明了会按照书写的命令顺序从上往下地运行。但如果只能这样，就像记录步骤的"记录器"似的，只能将排列好的命令按顺序运行。那可是远远不够的。

我们需要使用能控制程序流程的基本功能。不仅在 Python，几乎所有的编程语言里都有让命令循环地执行、根据计算结果等条件来分开处理的功能。

从现在开始学习基本语法了耶。

学习命令和语法很重要，学习控制程序流程等的写法也很重要。

必须好好学，什么都不能落下呢！

控制程序流程的基本功能

哪些是基本功能？每个人根据自己的想法会有不同的答案。不过，基本功能大体上包括以下 6 种功能。

1. 计算功能

存在着各种各样的计算功能。可以举出使用"+""-""*""/"等符号的四则运算，使用"+"的字符串连接等。

这些功能已经在【Lesson 2-5】和【Lesson 3-5】中进行了说明。

2. 变量

开始是计算结果，然后是用户输入的值和通过文件读取，网络通信获得的数据等，将这些数据暂时保存起来的一种结构。将在本章的【Lesson 4-2】中进行说明。

3. 循环处理

重复执行几次（或几十次、几百次、几千次，甚至直到程序结束为止）命令的功能。即使只写一个命令，也可以循环执行指定的次数。将在本章的【Lesson 4-3】和【Lesson 4-4】中进行说明。

4. 条件分支

根据计算结果或变量中保存的值来进行不同的处理。

条件分支被广泛地使用。例如，"调查输入的字符和数字是否在范围内，不在的话显示错误信息""今天是星期日的话，做其他的处理"等。在本章的【Lesson 4-5】中将有详细的说明。

5. 函数

能够将处理归结到一起的功能。在【Lesson 3-5】中，已经使用了 str 函数将数值转换为字符串。除此之外还存在很多的函数。而且自己也可以制作函数。在【Lesson 4-6】中将有详细的说明。

6. 模块（外部功能）

Python 里只有基本功能。"想显示窗口""想发出声音""想进行网络通信"等功能，是和 Python 分开提供的。这个附加功能叫作"模块"。

为了能使用模块，首先需要有"读取"模块的操作。将在【Lesson 4-7】中详细说明。

本章后续会按顺序详细地说明上述提到过的基本功能。

程序就靠灵活地使用这 6 个基本功能来编写呢。

暂时保存数据的容器

尝试使用变量

变量是保存数据的地方。需要暂时保存计算结果等各种数据时，使用变量。

所谓变量

变量是个"容器"，编写程序的人给它起了个好听的名字。容器里能存储喜欢的数据以便在以后参考使用。

在交互模式下尝试实际操作一下。在 IDLE 的交互模式下按以下方式输入。

```
交互模式
>>> a = 1 [Enter]
```

这表示"变量 a 中存储了数值 1"。像这样将数值存储到变量的操作称为"赋值"，使用"="操作符。

执行上述命令时，如图 4-2-1 所示，有一个名为 a 的箱子，往其中存储了数值 1。

可以声明很多的变量。如下所示。

```
交互模式
>>> b = 2 [Enter]
```

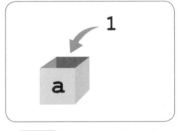

图4-2-1 往变量 a 中存储数值 1

在变量 b 中存储了数值 2（图 4-2-2）。

变量是在最初赋值时产生的。最初的记述"变量名=值"将产生变量。这种操作称为"定义变量并初始化"。

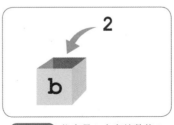

图4-2-2 往变量 b 中存储数值 2

存储字符串

变量里也可以存储字符串。例如，

```
>>> c = "abc" Enter
```

这么一赋值，变量 c 中就存储了字符串"abc"（图 4-2-3）。

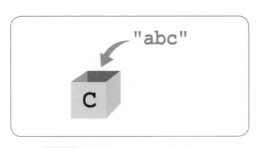

图4-2-3 往变量 c 中存储字符串"abc"

变量名可以很长

变量名可以是很长的名称。实际上为了便于理解，经常使用下列的变量名称。比如"name"（存储姓名等）、"total"（存储合计值等）、"tel"和"telephone"（存储电话号码等）。

```
>>> username = "山田太郎" Enter
```

如上所述，产生了名为 username 的变量，其中存储了"山田太郎"字符串（图 4-2-4）。

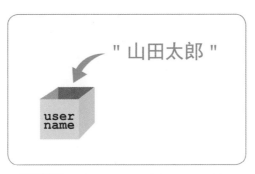

图4-2-4 往变量 username 中存储"山田太郎"

像这样，变量是一个起了喜欢的名字的容器，里面预先存储好了数值。

变量的引用

关于保存在变量中的值，指定了它的“变量名”就可以取出其中的值。

交互模式

```
>>> a Enter
```

像这样只输入“a”，就会显示出变量 a 的值。其实是操作者事先已经把 1 赋值给了变量 a，所以屏幕上显示出“1”。

同样的，如果输入“username”，就会显示“山田太郎”。像这样取出变量的值的操作叫作“引用”。

变量也可以进行计算。如下所示输入计算式的话，

交互模式

```
>>> a + b Enter
```

a 中的值“1”加上 b 中的值“2”，计算结果就显示“3”（图 4-2-5）。

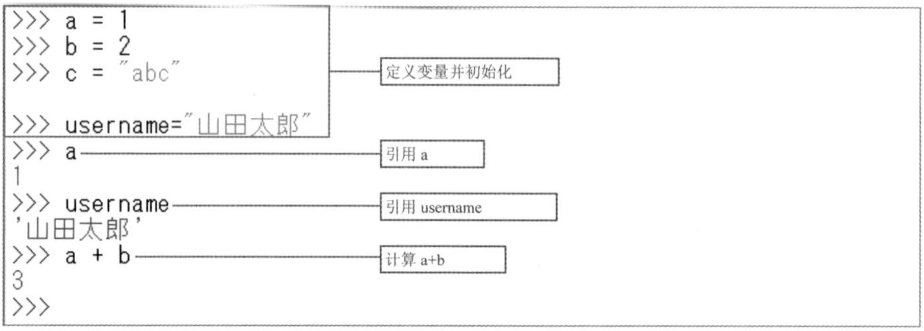
>>> a = 1
>>> b = 2
>>> c = "abc"
>>> username="山田太郎"
>>> a
1
>>> username
'山田太郎'
>>> a + b
3
>>>
定义变量并初始化
引用 a
引用 username
计算 a+b

图4-2-5 引用赋值好的变量

没有定义就不能引用

那么，当我们引用还没有定义的变量会发生什么呢？例如，在变量“d”还没有定义的时候，我们引用一下它。

交互模式

```
>>> d Enter
```

就会出现“name 'd' is not defined”的错误（图 4-2-6）。

```
Type "copyright", "credits" or "license()" for more information.
>>> a = 1
>>> b = 2
>>> c = "abc"

>>> username="山田太郎"
>>> a
1
>>> username
'山田太郎'
>>> a + b
3
>>> d
Traceback (most recent call last):
  File "<pyshell#7>", line 1, in <module>
    d
NameError: name 'd' is not defined
>>>
```

引用没有定义的变量 d, 就会出错

图4-2-6　引用没有定义的变量

运行Python程序文件

到目前为止都是在交互模式下操作。运行 Python 程序文件，结果也是一样的。比如运行 example04-02-01.py 程序，屏幕上会显示 "3"。

像【Lesson 3-2】中讲解过的，运行程序文件时需要使用 print 语句来显示运行结果，所以写成如下形式：

```
print(a + b)
```

List　example04-02-01.py

```
1  # coding:utf-8
2
3  a = 1
4  b = 2
5  print(a + b)
```

把 1 赋值给 a
把 2 赋值给 b
显示 a+b 的结果

同样的命令重复执行指定回数

循环执行①for语句

在程序中，同样的处理可以按自己的喜好重复运行多次。利用这种方式可以将程序编写得短小精悍。

如果你想执行 10 次同样的命令，就把代码复制 10 回吗？

不用的。写成循环执行语句就可以想循环几次就几次啦。

相同的句子想要显示多次

编写程序时，有时候同样的处理会需要重复执行多次。举个简单的例子，想按顺序显示 1 到 5 的数字。简单地考虑的话，就会如下所示地把 print 语句写 5 遍。

```
print(1)
print(2)
print(3)
print(4)
print(5)
```

那么，想要显示到 100 的话，该怎么办呢？

```
print(1)
…略（98个）…
print(100)
```

像这样写出 100 行的代码吗？看上去不现实呢。

因此，任何编程语言都有"循环执行语句"。在 Python 中，根据"以怎样的方法进行循环处理"，会有两种语句形式。

1. for 语句

指定的值被一个一个地取出，重复执行直到用尽为止。

2. While 语句

在满足指定条件的范围内执行。

重复处理也被称为"循环处理"。本课中，我们来讲解① for 语句。

使用for语句循环

当循环执行指定的次数时，经常使用 for 语句。也就是说从"指定值的列"中一个一个地取出，直到其用尽为止。

使用序列重复

for 语句中的"指定值的列"被称为"序列"（Sequence，按顺序排列的意思）。只要能"从中一个一个地取出来"的话，就什么类型都可以。因此序列有很多种类，最具代表性的是"列表（List）"。列表是"列举出来的每个值用逗号隔开，全体用 [] 括起来"的数据集合。

在 example04-03-01.py 中利用列表和 for 语句实际编写出的"重复 5 次的例子"如下所示。

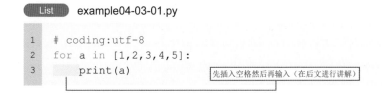

List　example04-03-01.py

```
1   # coding:utf-8
2   for a in [1,2,3,4,5]:
3       print(a)
```

先插入空格然后再输入（在后文进行讲解）

这里使用了 [1,2,3,4,5] 列表。

格式　for 语句和列表的使用示例

```
for a in [1,2,3,4,5]:
```

对于这个列表，"1""2""3""4""5"被一个一个地取出，赋值给变量 a，同时重复处理直到列表中的值用尽为止。也就是说，a 的值变化成"1""2""3""4""5"的同时，进行着重复处理。

重复处理的内容就是：

```
print(a)
```

的部分。也就是说，由于重复执行了显示变量 a 的语句，运行结果就是：

```
1
2
3
4
5
```

整个处理流程如图 4-3-1 所示。

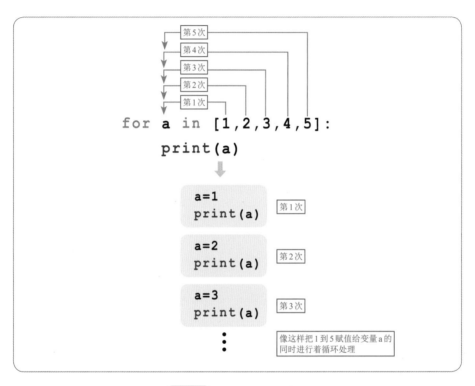

构成程序的基本功能

图4-3-1　for 的循环处理流程

变量名可以是任意的名称

这里所指定的 "a" 只是变量名。变量名可以是任意的名称。例如，

```
for b in [1,2,3,4,5]:
    print(b)
```

像这样用变量名 "b" 也是一样的。

实际上，循环处理时作为惯例经常使用 "i" 或 "j" 这样的变量名。就像下面这样使用变量 "i"。

```
for i in [1,2,3,4,5]:
    print(i)
```

使用"i"的历史原因是由于"i"是"Integer（整数）"的头文字。（而"j"仅仅是因为它是"i"的下一个字母。另外，"Number（数值）"的首字母"n"等，也经常在循环处理中被使用）。

虽说惯例不是绝对的，但是习惯了惯例的话，更容易读懂别人编写的程序。所以在本书后面会尽量按照惯例进行说明。

循环处理内容需要缩进

请注意 example04-03-01.py 的第三行"print"稍微向右移动了几格。这叫作"缩进（缩进字）"。

在 Python 中，"向右移位的块（缩进的部分）"被认为是循环处理的内容（图4-3-2）。

MEMO

请注意第一行的行尾还有":"符号。忘记写的话会出错。

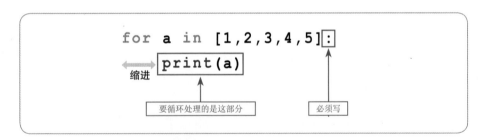

图4-3-2 指定循环处理范围的缩进

如果不缩进的话，会发生语法错误，请一定注意。

按下 Tab 键能输入缩进。如果你使用的是 IDLE，那么先选择好范围，再选择 [Format] 菜单中的 [Indent Region] 选项也可以输入缩进（选择 [Deindent Region] 选项可以取消缩进）。

MEMO

按下 Ctrl 键的同时按下] 键也可以输入缩进。取消缩进就按下 Ctrl 键的同时按下 [键。Mac 系统中是按 ⌘ +] 键输入缩进，按 ⌘ + [键取消缩进（图 4-3-3）。

图4-3-3 输入缩进

输入多个语句，理解缩进的含义

example04-03-01.py 中，运行结果"1""2""3""4""5"被循环地显示出来。但是这次想如下所示地在每个数字后面都显示"你好"字符串。

```
1
你好
2
你好
3
你好
4
你好
5
你好
```

修改后的程序如下：

```
for a in [1,2,3,4,5]:
    print(a) ——————————————这两行都做了缩进
    print(" 你好 ") ————————
```

请注意：程序的最后两行都做了缩进。for 语句将缩进的部分作为"一整块代码"来进行循环处理。

```
for a in [1,2,3,4,5]:
    print(a) ——————————————这行做了缩进
print(" 你好 ") ——————————————这行没有缩进
```

如果像上面这样，不缩进"print(" 你好 ")"语句，由于这个语句没有成为循环处理内容，那么"你好"字符串只在运行结果的最后显示出来。

```
1
2
3
4
5
你好
```

综上所述，在 Python 中缩进是以块为单位的，请一定确保缩进范围是正确的。

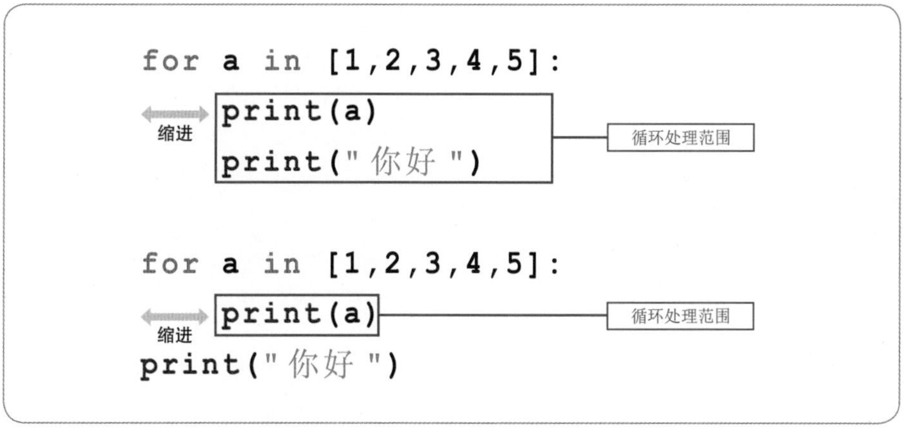

```
for a in [1,2,3,4,5]:
    print(a)
    print("你好")
```

缩进 →

循环处理范围

```
for a in [1,2,3,4,5]:
    print(a)
print("你好")
```

缩进 →

循环处理范围

Lesson 4-3

循环执行①for 语句

图4-3-4 缩进导致不同的循环处理范围的不同

更多次的重复

为了重复 5 次，我们学到的 for 语句是：

```
for a in [1,2,3,4,5]:
```

那么，需要重复 100 次时该如何写呢？

```
for a in [1,2,3,4,5, …略…, 100]:
```

像上面这样全部罗列出来肯定是不行的。为了专门用于这种情况，Python 提供了 "range 函数"（关于函数的详细信息，请参阅【Lesson 4-6】）。

格式 range 函数

```
range(开始值，结束值)
```

上述的写法可以创建一个 "小于结束值" 的连续序列。请注意，这里所说的是 "小于"。如果想像 "1，2，3，4，5" 这样重复 5 次，那么就写成如下形式：

```
range(1, 5 + 1)
```

指定的结束值是连续序列的最后一个值再加上 1。

MEMO //

当然，上述语句也可以写成range(1, 6)。

使用"range 函数"，前面编写好的程序就变成：

```
for a in range(1,5 + 1):
    print(a)
    print(" 你好 ")
```

也就是说，如果你想重复 100 次，就把"range(1, 5 + 1)"改成"range(1, 100 + 1)"就可以了。程序如下所示：

```
for a in range(1,100 + 1):
    print(a)
    print(" 你好 ")
```

使用此方法，可以将相同的命令循环执行成千上万次。

从0开始计数程序更顺畅

要循环处理 100 次时，像"range(1, 100 + 1)"这样在最后加上"1"的写法会让人有些困惑。之所以难以理解是因为 range 函数最初是为了"从 0 开始计数"而不是"从 1 开始计数"而设计的。

如果你从 0 开始计数，那么循环处理 100 次就会写成：

```
for a in range(0, 100):
  print(a + 1)
  print(" 你好 ")
```

重复次数从"0"到"100"（这种情况下，"0""1"到"99"共取出 100 个整数）。

而且，range 函数如果是从 0 开始计数的话，可以省略成如下形式。程序变得更顺畅。

```
for a in range(100):
  print(a + 1)
  print(" 你好 ")
```

也就是说，循环处理指定的次数时，只需写成如下的形式。

```
for 变量名 in range( 指定次数 ):
    循环处理内容
```

这在 Python 程序中是个经常出现的句型。

> **MEMO** //
>
> 在 Python 2 版本中，请使用 xrange 函数而不是 range 函数。因为 range 函数虽然能运行，但它会占用大量的内存。

从字符串中逐字取出

到目前为止，我们已经对像 [1,2,3,4,5] 或 range(1, 5 + 1) 这样的枚举数值进行了循环处理，实际上，我们也可以对字符串进行循环处理。对字符串处理时，会从开头把字符一个接一个地取出，进行循环处理。

例如，编写 example04-03-02.py 程序，因为从字符串"Hello"中一个一个地取出字符，把它赋值给变量 a，运行结果就是每个字符都依次显示在屏幕上。

```
H
e
l
l
o
```

List example04-03-02.py

```
1    # coding:utf-8
2    for a in "Hello":
3        print(a)
```

> for 语句能够一个接一个地取出值，并循环处理。真是很方便呢。

只在条件成立时重复执行

循环执行②while语句

前面 Lesson 中介绍了能重复执行指定次数的 for 语句。但有时你却不知道重复执行的次数，而是希望在某些条件成立时重复执行。这种情况下就要使用 while 语句了。

while 语句能在不确定次数的情况下重复执行。

用while语句重复

while 语句是在指定条件成立时重复执行的语句。

例如，对于"1+2+3+⋯"这样的计算，如果想编写一个"想显示第一个超过50 的计算结果"的程序，就需要写成 example04-04-01.py 这样。

List example04-04-01.py

```
1  # coding:utf-8
2
3  total = 0
4  a = 1
5  while total <= 50:
6      total = total + a
7      a = a + 1
8  print(total)
```

0 赋值给 total（合计值）

变量 a 能够像 1、2、3⋯这样不断加

当 total 小于或等于 50 时重复计算

循环体要缩进书写

这里准备了变量 total 来保存合计值，并将其初始赋值为 0。

```
total = 0
```

关于加数，也就是 1、2、⋯这种递增 1 的值保存到变量 a 中。加数是从"1"开始。

```
a = 1
```

接下来出现的是 while 语句。

```
while 条件表达式 :
    条件成立时想执行的命令
```

像上面这样书写的话，只要条件表达式成立，处理就会一直执行下去。条件成立称为"真"或"True"，条件不成立称为"假"或"False"。

example04-04-01.py 中，while 语句是这样的：

```
while total <= 50:
```

其中"total <= 50"是条件表达式。条件表达式中的"<="符号表示小于等于。也就意味着如果 total 小于等于 50，加算会一直执行下去。

我们在这里使用了"<="符号。其实还有"<（小）""==（等于）"">=（大于等于）"">（大于）"，这些符号被称为"关系运算符"（表 4-4-1）。

请注意，在判断是否相等时要使用两个等号构成的"=="。这是为了和变量赋值时的"="（只有一个等号）相区别。

MEMO //

　　条件表达式也可以用逻辑运算符"or（或）""and（和）""not（否定）"关联起来。详细内容请参阅【Lesson 4-5】。

表4-4-1　关系运算符

关系运算符	例子	含义
<	a < b	a小于b
<=	a <= b	a小于或等于b
==	a == b	a和b相等
>	a > b	a大于b
>=	a >= b	a大于或等于b
!=	a != b	a不等于b

在最后的循环体中，首先，将变量 a 加算到变量 total 上。

```
total = total + a
```

刚开始时 total 是 0，a 是 1，因此合计值 total 变为"1"。接下来，将 a 加上 1 后再赋值给 a。

```
a = a + 1
```

用语言似乎很难说明，我们用图 4-4-1 来简单表示"加 1"的操作。也就是说，变量 a 中已经有 1，再加上 1 就变成了"2"。

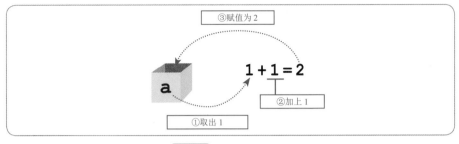

图4-4-1　a = a + 1 的操作

　　然后，再次执行循环处理。由于此时的 total 为"1"，满足"while total <= 50:"中指定的"total <= 50"条件。因此，将再次执行下一行命令。

```
total = total + a
```

　　此时 a 已经加上 1 赋值成了"2"。所以，这次就是 total 中的 1 加上变量中的 2，即执行"1+2"的加算。然后下一行命令同样地增加变量 a 的值并继续循环。

```
a = a + 1
```

　　也就是说加算了 1+2+3。这样依次循环，total 的值会越加越大，直到超过 50。那时就不能满足以下的条件了（图 4-4-2）。

```
while total <= 50:
```

　　程序就会跳出缩进部分，执行接下来的命令：

```
print(total)
```

　　运行到这里，"1+2+…"的计算结果中第一个"大于 50 的合计值"就会被显示出来。

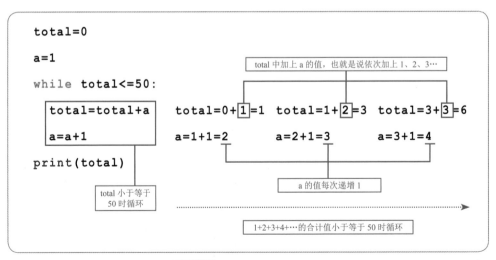

图4-4-2　while 循环的工作原理

构成程序的基本功能

知识栏　○　○　○　○　○　○　○　○　○　○

用 while 语句来达到 for 语句相同结果

要循环处理指定的次数，使用前 Lesson 中说明的 for 语句很容易实现。但是用 while 语句也能实现。例如从 1 到 5 重复 5 次，可以使用 for 语句。

```
for a in range(1, 5 + 1):
    print(a)
```

也可以如下所示，使用同等的 while 语句。

```
a = 1 ─────────── a 从 1 开始
while a <= 5: ─────── 小于等于 5 的时候，循环
    print(a)
    a = a + 1 ─────── a 加上 1
```

也就是说，a 从 1 开始，"在 a 小于等于 5 的范围内，循环让 a 递增 1"就可以。

永远循环下去的特殊写法

while 语句在条件成立时执行。但有时候会"想永远循环下去"。在这种情况下，要让条件永远为"True"。

格式　**while 语句的永远循环**

```
while True:
    想执行的命令
```

"True"是一个特殊值，它表示条件是成立的，也称为"真"。

MEMO //

字符串"True"是区分大小写的，因此请勿全部写成小写字母"true"。另外，表示"不成立"的特殊值为"False"（也不要全部写成小写字母）。False 也被称为"假"。

while 语句的条件表达式如果指定为 True，则任何情况下条件都是成立的。所以没有机会终止，会永远循环下去。

想停止一直在运行的程序时，请按下 Ctrl ＋ C 键（Mac 系统中是 Control ＋ C 键）来强制结束程序。

永远循环的处理可能会被认为没有什么用处。但是正如下一 Lesson 中所说明

的那样，实际上"当条件成立的时候，终止永远循环处理"也是可能的，例如"一直等待键盘输入，当键盘输入时停止等待，处理输入的键"或者"一直等网络通信，当数据到达时，处理接收到的数据"等。在"等待什么事情发生"这样的场合，经常会使用永远循环。

知识栏 ○ ○ ○ ○ ○ ○ ○ ○ ○ ○

循环结束时执行 else 部分

for 语句和 while 语句中，循环结束时一定要执行的处理可以写在 else 后面。

```
while 条件表达式：
    循环执行的命令
else:
    循环结束后执行的命令
```

```
for 变量名 in 列表：
    循环执行的命令
else:
    循环结束后执行的命令
```

在循环结束后，有需要执行一次的命令时，才写 else 部分。

Lesson
4-5

如果···的话，如果不···的话

条件分支的if语句

要让程序具有复杂的逻辑，就必须有条件分支结构，才能做到"在这种情况下这样做，否则就那样做"的逻辑。

学会了循环执行语句，就能把很长的程序写得短小精悍。

是的。接下来如果能理解条件分支，就能编写逻辑更复杂的程序。

条件分支

在 Python 中可以使用以下格式的 if 语句来进行条件分支。

格式 **if 语句中的条件分支**

```
if 条件表达式：
    条件成立时执行的语句
else:
    条件不成立时执行的语句
```

与 for 语句和 while 语句一样，条件分支也需要缩进。如果不缩进就会出错，请一定注意。（请参阅【示例→ P84】）。

没有"条件不成立时执行的语句"时也可省略 else: 以后的部分，像下面这样书写。

```
if 条件表达式：
    条件成立时执行的语句
```

让我们来看一个简单的例子。例如, example04-05-01.py 程序会整体重复 10 次，如果 a 小于 5 的话会显示"小"，否则会显示"大"（图 4-5-1）。

```
1   # coding:utf-8
2
3   for a in range(1, 10+1):
4       if a <= 5:
5           print(" 小 ")          ——— a 小于等于 5 的时候执行
6       else:
7           print(" 大 ")          ——— a 大于 5 的时候执行
```

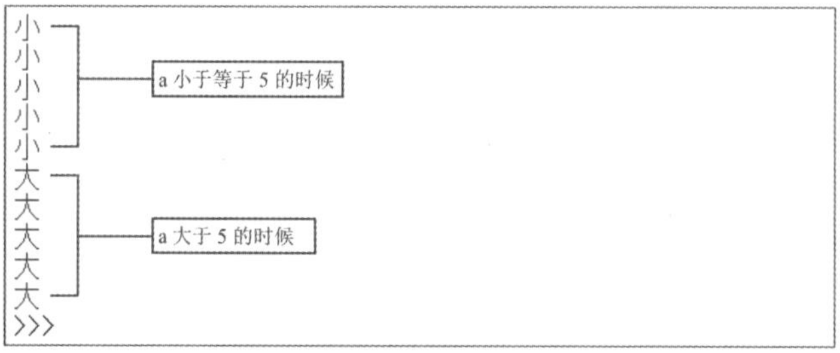

```
小
小
小          ——— a 小于等于 5 的时候
小
小
大
大
大          ——— a 大于 5 的时候
大
大
>>>
```

图4-5-1 执行结果

```
if a <= 5:
    print(" 小 ")
else:
    print(" 大 ")
```

⬇

a <= 5
是否成立

是 ⬇   否

print(" 小 ")   print(" 大 ")

if 语句根据条件将程序流程分成两个分支

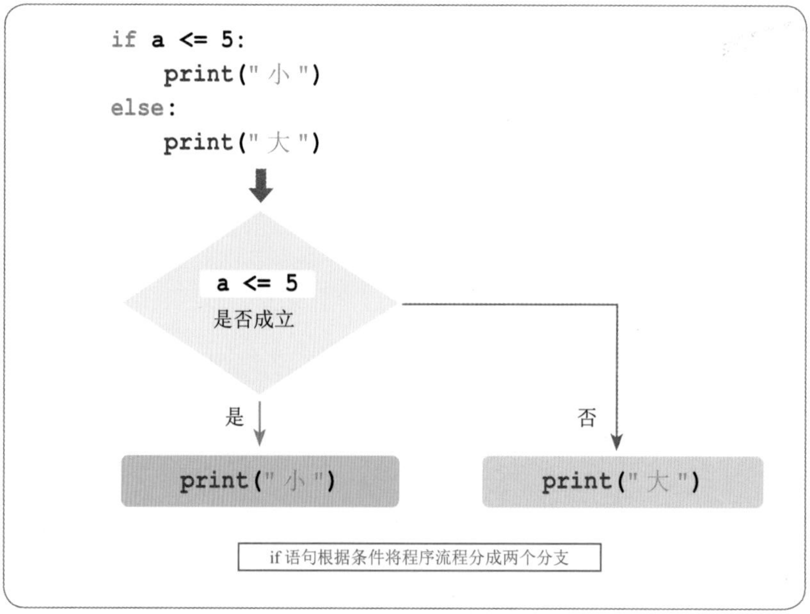

图4-5-2 if 语句中的条件分支

组合多个条件

条件表达式中不仅可以指定一个条件，也可指定多个条件。

多个条件通过"and""or"或"not"组合起来。这些运算符称为"逻辑运算符"。

表4-5-1 逻辑运算符

逻辑运算符	含义	例子	例子的含义
and	当两个条件都成立时	(a == 1) and (b == 2)	a为1并且b为2时
or	当两个条件中的任何一个成立时	(a == 1) or (b == 2)	a为1或者b为2时
not	条件的否定	not (a == 2)	a不等于2时（和a != 2相同）

省略"and"逻辑运算符

用"并且"组合多个条件时使用"and"逻辑运算符。但在 Python 中，有时也可以省略"and"。

例如，要检查变量 a "是否大于等于 1 并且小于或等于 5"时，通常写成：

```
if (a >= 1) and (a <= 5):
```

但在 Python 中也可以写成：

```
if 1 <= a <= 5:
```

这种能写成三段的条件表达式，可以分为前半部分（"1 <= a"）和后半部分（"a <= 5"），中间再用"and"逻辑运算符连接的表达方式替换。也就是说，同下面的写法是一样的。

```
if (1 <= a) and (a <= 5):
```

请注意这种写法只是 Python 特有的，在许多其他编程语言中是不被允许的。

下面我们实际编写一个需要满足多个条件的程序。首先从 1 到 10 循环运行，然后能满足下列条件进行显示。

- 是 2 的倍数时显示"○"
- 是 3 的倍数时显示"×"
- 是 2 的倍数，同时又是 3 的倍数时显示"△"

（这不是一个有意义的程序，只是为了便于理解逻辑简单的程序）

它的运行结果如下所示：

```
1        没有显示
2        ○
3        ×
4        ○
5        没有显示
6        ○ × △
7        没有显示
8        ○
9        ×
10       ○
```

编写的程序为 example04-05-02.py。运行结果如图 4-5-2 所示。

List   example04-05-02.py

```
1    # coding:utf-8
2
3    for a in range(1, 10 + 1):
4        print(a)
5        if a % 2 == 0:
6            print("○")                    是 2 的倍数时
7        if a % 3 == 0:
8            print("×")                    是 3 的倍数时
9        if (a % 2 == 0) and (a % 3 == 0):
10            print("△")                   是 2 的倍数,同时又是 3 的倍数时
```

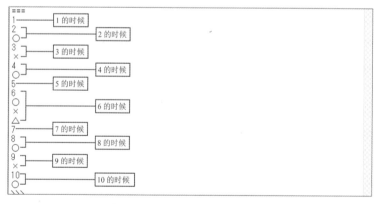

图4-5-2   example04-05-02.py 的运行结果

条件"是某数的倍数"好像有点难，其写法如下：

```
if a % 2 == 0:
```

"%"是计算余数的二元算术运算符（请参阅【第 2 章的表 2-5-1】）。如果"余数为 0"则认为是"倍数"。

Python 中没有检查"是否为倍数"的命令。但是，如果你能考虑到"做除法时看余数是否为 0 能判断倍数"，就能换种 Python 中可书写的命令来编写出程序。

编程的时候，需要替换成可以用程序来表达的，具有同样意义的处理方法是家常便饭的事，也就是说，需要"动动脑筋，换个角度"。

"是 2 的倍数，同时又是 3 的倍数"的条件用"and"逻辑运算符表示如下：

```
if (a % 2 == 0) and (a % 3 == 0):
```

使用elif来表达"在不满足条件下的其他条件"

有时，在"不是某个条件"的情况下，你可能还希望指定另一个条件。比如：
①是 12 的倍数时显示"○"。
②不满足①，但是 4 的倍数时显示"△"。
③不满足①和②，但是 2 的倍数时显示"×"。
④上述条件都不满足时显示"☆"。
编写出具有上述判断条件的程序如下所示：

```
if (a % 12 == 0):
  # ①是 12 的倍数时
  print(" ○ ")
else:
  # ②不是 12 的倍数时
  if (a % 4 == 0):
    # ②是 4 的倍数时
    print(" △ ") ——————— 不是 12 的倍数，但是 4 的倍数时，能运行到这里
  else:
    if (a % 2 == 0):
      # ③是 2 的倍数时
      print("×") ——————— 不是 12 和 4 的倍数，但是 2 的倍数时，能运行到这里
    else:
      # ④不满足上述条件时
      print(" ☆ ")
```

这个程序里有非常多的 if 和 else，猛一看都看不明白程序的逻辑。

实际上，Python 中有一个关键字"elif"，它把"else"和"if"结合在一起。使用它可以让逻辑更简单，程序更简短。

```
if (a % 12 == 0):
    # ①是 12 的倍数时
    print(" ○ ")
elif (a % 4 == 0):
    # ②是 4 的倍数时
    print(" △ ")
elif (a % 2 == 0):
    # ③是 2 的倍数时
    print("×")
else:
    # ④不满足上述条件时
    print(" ☆ ")
```

在"不满足条件"的情况下再罗列其他各种条件时，elif 是常用的表示方法。不用 elif 也能编写出程序，但使用得当却可以减少程序行数，使程序更流畅。

条件成立时结束循环

if 语句的条件判定经常与循环语句（如 for 和 while）结合使用。也就是说，两者结合能够描述"循环处理在特定条件成立的情况下，结束循环"的模式。

在 for 语句和 while 语句中，执行一条"break"的特殊命令，就能立刻结束循环处理，跳转到循环体外的下一条命令。

例如在【Lesson 4-4】中，编写了一个进行"1+2+3+…"计算，最后显示出第一个超过 50 的合计值的程序。

```
total = 0
a = 1                        当 total 小于或等于 50 时循环计算
while total <= 50:
    total = total + a
    a = a + 1
print(total)
```

在此程序中可以使用 break 语句改写成：

```
total = 0
a = 1              永远循环
while True:
    total = total + a
    a = a + 1
    if total > 50:
        break      当 total 大于 50 时结束循环
print(total)
```

这里写的条件"while True"能让程序一直循环处理下去。在循环体中，变量

a 的值像 1、2、…这样逐次递增，并将其合计到变量 total 中。然后执行下面的条件分支语句。

```
if total > 50:
    break
```

如果变量 total 的值超过 50，则执行 break 语句。程序就会从 while 语句的循环处理中跳转出来，执行"print(total)"语句，然后结束程序的运行（图 4-5-3）。

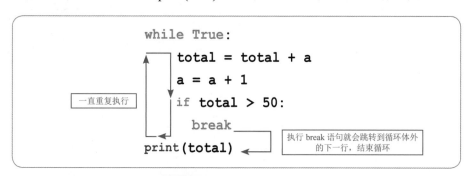

图4-5-3 使用 break 时的处理流程

使用 break 语句来结束循环处理，这在后文说明的示例代码中也会出现。举个有代表性的例子，在用户输入字符的情况下，如果输入的不是特定字符（比如限制只能输入数字），就会一直等待直到用户输入正确的字符为止。

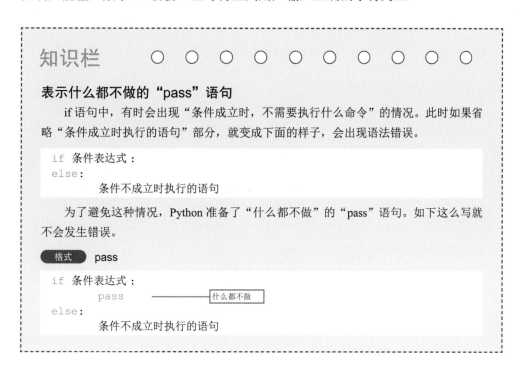

Lesson
4-6

将处理汇总在一起，一键执行

使用函数

已经在 Lesson
3-5 学习过了呢

函数是将多个处理汇总在一起，能够一键执行的结构。当多次执行一系列处理时，通过将这些处理汇总到一个函数中，可以避免每次都对它们进行编写。

Chapter 4

构成程序的基本功能

也可以自己制作函数

本 Lesson 名为"使用函数"，其实我们都已经使用过函数了。例如在【Lesson 3-5】中使用 str 函数将数字转换成字符串。

除了 Python 提供的函数外，还可以自己制作函数。函数其实就是"接收某个值，对该值进行加工，在函数内部进行处理，然后返回结果"。为了让我们明白处理流程，实际编写一个吧。

这里编写一个这样的函数：传递给它两个数值 a 和 b，计算出从 a 到 b 的合计值后，把合计值返回。比如传递了"1"和"5"时，函数内部进行"1+2+3+4+5"的计算，最后返回合计值"15"（图 4-6-1）。

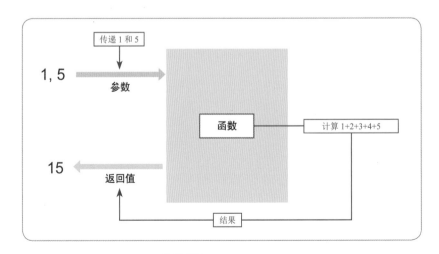

图4-6-1 制作函数的示例

100

函数的定义

自己制作函数时，需要先申明函数定义。在 Python 中使用 def 语句来定义。

MEMO //

def 是英文单词 define（定义）的缩写。

在定义函数时需要一个恰当的函数名。由于任何函数名都可以，这里给它命名为 tashizan。函数定义如下。

```
def tashizan(a, b):
    函数中想要执行的命令
```

函数定义的格式如下所示。

格式 定义函数

```
def 函数名（用逗号分隔开的想要传递的值）:
    想要执行的命令
```

"想要执行的命令"跟 for、while、if 等语句一样，需要缩进书写。另外，"用逗号分隔开的想要传递的值"是指在函数中要处理的值，被称为"参数"。

MEMO //

传递多个参数时，用逗号分隔开各个参数。如果不需要参数，则不用在括号中写任何内容，只需写成"def 函数名 ():"。

那么，在"想要执行的命令"部分里应该写些什么呢？

我们想做的是"求取从参数 a 到参数 b 之间所有数值的合计值"。因此只使用已经说明过的 for 语句，制作的函数如下所示。

```
def tashizan(a, b):
    total = 0
    for i in range(a, b + 1):        从参数 a 到参数 b 循环
        total = total + i
    return total                     返回计算结果
```

由于计算出的合计值保存在变量 total 里，使用下面的 return 语句就能把函数结果返回。

```
return total
```

使用 return 语句设定返回的函数结果，通常称为"设定返回值"。函数结果也叫"返回值"。

知识栏　○ ○ ○ ○ ○ ○ ○ ○ ○ ○

参数和变量之间的关系

　　参数的实质是一个"变量"，与变量有所不同的是：执行时由调用方预置一个值。在上面的例子中这样定义了函数：

```
def tashizan(a, b):
```

　　参数名分别为"a"和"b"。但参数名可以是任何名称，也可以用"x"和"y"来表示，例如：

```
def tashizan(x, y):
```

　　那么，函数本体中也要改成"x"和"y"。

```
for i in range(x, y + 1):
    total = total + i
```

使用函数

　　定义好的函数可以按如下方式调用。

```
c = tashizan(1, 5)
```

　　运行函数称为"调用函数"。通过调用函数，把"从 1 到 5 的合计值"赋值给了变量 c。

　　到目前为止进行说明的代码就是程序 example04-06-01.py。

　　当执行到 tashizan(1, 5) 部分时，将调用 tashizan 函数。由于函数定义是"def tashizan(a, b):"，所以先将 a 设置为 1，b 设置为 5，然后执行以下部分的处理。

```
total = 0
for i in range(a, b + 1):
    total = total + i
```

```
for i in range(1, 5 + 1):        a 的值   b 的值
```

也就是说，从 1 到 5 循环执行，total 变量中就保存了"1+2+3+4+5"的合计值"15"。最后通过下面的语句将变量 total 设置为返回值，所以变量 c 就赋值成函数返回值"15"。程序的处理流程如图 4-6-2 所示。

```
return total
```

List example04-06-01.py

```
1   # coding:utf-8
2
3   def tashizan(a, b):
4       total = 0
5       for i in range(a, b + 1):        函数 tashizan 的定义
6           total = total + i
7       return total
8
9   c = tashizan(1, 5)                   调用函数 tashizan
10  print(c)
```

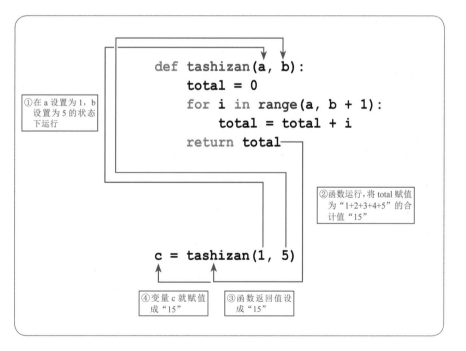

①在 a 设置为 1, b 设置为 5 的状态下运行

②函数运行，将 total 赋值为"1+2+3+4+5"的合计值"15"

④变量 c 就赋值成"15"

③函数返回值设成"15"

图4-6-2 函数执行的处理流程

理解变量的作用域

使用函数时有一个很重要的注意事项。那就是对于函数中的变量和函数外的变量，它们的作用域是不一样的。

因为有点难理解，所以制作了一个简单的程序，从其运行轨迹来说明。请参见 example04-06-02.py。

List example04-06-02.py

```
1    # coding:utf-8
2
3    a = "abc" ─────────①
4
5    def test():
6        print(a) ─────────③
7        return
8
9    test() ─────────②
10   print(a) ─────────④
```

在这里，定义了一个名为"test"的函数。为了使说明变得简单，我们不传递任何参数。也就是说，写成"def test():"这样，括号中什么都没有。另外，函数返回时也只写"return"，表示"没有返回值"。

在执行没有返回值的函数时，由于不需要将返回值赋值给变量等，因此不用像以前那样写成"变量名 = 函数 ()"。而是不写"变量名"和"=",只写"test()"（②的部分）。

那么，这个程序首先按照①"a = "abc""语句，将"abc"赋值给变量 a。

接下来由于②"test()"语句调用 test 函数。

在 test 函数中，通过③"print(a)"语句来表示 a 的值。由于在此时变量 a 的值是"abc"，因此屏幕上显示"abc"。

函数处理结束后，返回执行④语句。同样是"print(a)"语句，所以也显示"abc"。

综上所述，该程序将变量 a 的值"abc"显示两次。到目前为止，程序运行没有任何问题。通过图 4-6-3 来确认一下。

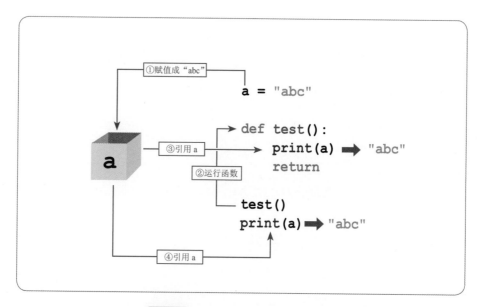

图4-6-3 example04-06-02.py 的运行流程

全局作用域和局部作用域

下面就会出现问题了。对 test 函数做如下的修改：

```
def test():
    a = "def"
    print(a)
    return
```

黄色标记部分是修改的内容。执行"a = "def""语句，就会把字符串"def"赋值给变量 a。程序修改后，运行结果好像应该像下面这样，显示两次"def"。

```
def
def
```

但实际的运行结果却是：

```
def
abc
```

为什么会出现这样的结果呢？实际上，"函数的外部"和"函数的内部"声明的变量是不同的。在进行了上面的修改后，实际上声明了两个变量 a，如图 4-6-4 所示。

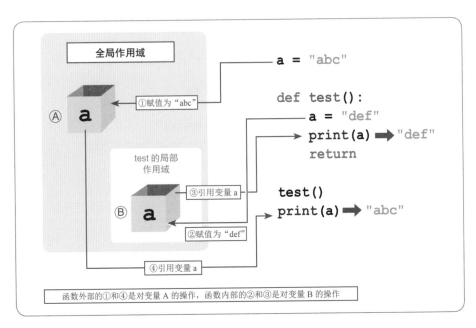

图4-6-4 在各个作用域内创建变量

变量的有效使用范围称为"作用域"。函数外部的称为"全局作用域",函数内部的称为"局部作用域"。全局范围内的变量称为"全局变量",局部范围内的变量称为"局部变量"。

从运行结果上可以看出:

（1）在函数内部（局部作用域）可以引用函数外部（全局作用域）的变量。

（2）但是在函数内部（局部作用域），不能给函数外部（全局作用域）的变量进行赋值。如果赋值了，会在局部作用域内再创建另一个变量。

函数之间为了能不互相影响，局部作用域可是起了重要的作用。例如，当你编写函数时在函数内部使用了变量"a"，而别人编写其他函数时也使用了变量"a"，两个变量"a"能互相覆盖，那可就麻烦了。

为了避免上述问题发生，函数中的每个变量都被局部作用域分隔开，不允许相互影响（图 4-6-5）。

函数内访问全局变量

但是，有时候也会想在函数中重新赋值全局变量。

在这种情况下的补救方法就是：在函数中"声明要使用全局作用域中的变量"。那么只有这个变量使用的是全局变量。

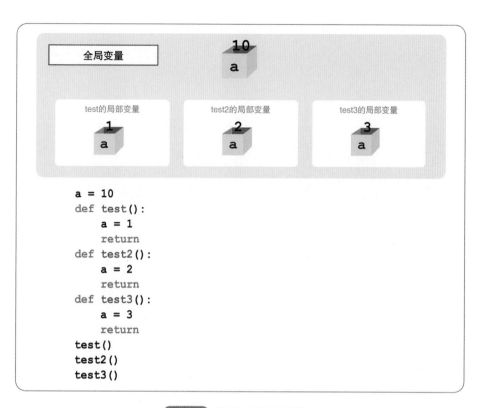

图4-6-5 各函数中声明局部变量

具体说明如下：

```
# coding:utf-8

a = "abc"

def test():
    global a ━━━━━  写上 global 就能当全局变量使用
    a = "def"
    print(a)
    return

test()
print(a)
```

这里添加了黄色标记的"global a"语句。这样，变量 a 就是指向全局变量（而不是局部变量）。

像这样，说明使用的是全局作用域中的变量的写法（global 开头的那行），称做"全局变量声明"。

通过全局变量声明，变量 a 指向全局作用域中的变量 a，因此函数中的"a =

"def"" 将重新给全局变量 a 赋值，如图 4-6-6 所示。

```
def
def
```

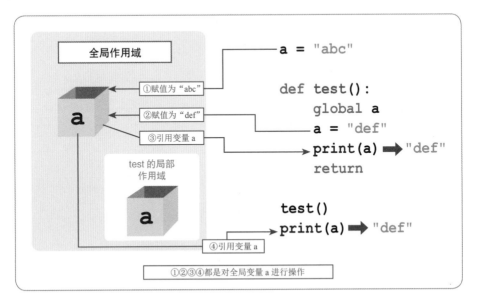

图4-6-6 全局变量声明后的动作

可变长度、可选参数

编程中，函数算是有点难懂，比较深奥的。为了能自由地使用函数，就需要习惯函数的各种写法。而且不需要马上自己制作函数，所以我们先来做些其他不难的事情。

基于这个想法，关于函数我会从下一章，在实际应用阶段，根据需要对其再进行说明。但是在这里还有一点想提前说明。

那就是"调用函数时，可以不指定参数的值，也可以通过参数名称来指定参数的值"。

1. 参数的省略

在前面的示例中有"def tashizan(a, b):"语句。声明了带有两个参数（参数 a 和参数 b）的 tashizan 函数。

函数声明后，就需要像"tashizan(1, 5)"这样指定两个参数去调用函数。如果缺少了其中任何一个参数，都将导致出现错误。也就是说，写成"tashizan(1)"或

"tashizan(, 5)"都是错误的。

为了不产生这类错误,提供了一种方法可以省略某些参数。那就是使用名为"缺省参数"的特殊写法。

缺省参数可以通过在函数定义中声明参数时用"参数名 = 缺省值"来描述。例如,

```
def tashizan(a, b = 100):
```

在这种情况下,可以省略第二个参数,如下所示地调用。

```
tashizan(1)
```

在参数省略的场合,则利用定义中的值——由于这里有"b = 100"的描述,所以就使用"100"。也就是说,这种函数调用跟指定参数 b 为"100"时的函数调用 tashizan(1, 100) 是相同的。

2. 通过参数名来指定值

另一种方法是在调用函数时,通过参数名来指定参数值。

为了能用这种方式调用函数,函数的定义方法就变得有点复杂,因此在本书中没有涉及。但是在第 7 章,我们使用与窗口相关的函数来制作名为"绘制圆"的程序时,调用该函数的基本形式为:

```
create_oval(X坐标①, Y坐标①, X坐标②, Y坐标②)
```

指定两个点的坐标,就能用黑色描画出其内接的圆(或者椭圆)。但是函数调用也可以指定可选参数。比如变成下面这样的话,由于指定了"fill="red"",就使涂抹的颜色变成红色。

```
create_oval(X坐标①, Y坐标①, X坐标②, Y坐标②, fill="red")
```

比如函数调用变成:

```
create_oval(X坐标①, Y坐标①, X坐标②, Y坐标②, fill="red", width=2)
```

则由于指定了"width=2",把轮廓线的宽设置为2。

这种"参数名 = 值"的写法,在对函数"想传递添加的信息"时,经常被使用。

Lesson 4–7　向 Python 追加新的功能
扩展功能的模块

模块能扩展 Python 的功能。可以通过加载模块向 Python 添加新的功能。

模块能做什么呢?

比如显示窗口和创建 PDF 等，能轻松地利用各种功能。

关于模块

Python 采用了"基本功能简单，应用功能由模块来提供"的设计思想。简单地说，模块就是一个功能丰富的"函数集合"。

有些模块是 Python 自带的，有些模块是由其他作者编写的，需要下载并单独安装后才可以使用。

不论哪种情况，都需要"加载模块"才能使用。加载模块的操作称为"导入"（import）（图 4-7-1）。

图4-7-1　导入和使用模块

导入模块

导入模块需要使用 "import" 语句。

格式 用 import 语句导入模块

```
import 模块名称
```

试着举个例子。在第 2 章中已经使用日历模块显示过日历了（参见 P36）。那时，利用以下的语句先把日历模块导入，然后显示 2017 年 12 月的日历。

```
import calendar
print(calendar.month(2017,12))
```

```
>>> import calendar
>>> print(calendar.month(2017,12))
    December 2017
Mo Tu We Th Fr Sa Su
             1  2  3
 4  5  6  7  8  9 10
11 12 13 14 15 16 17
18 19 20 21 22 23 24
```

啊，这个日历就使用了模块呢！

Lesson 4-7
扩展功能的模块

像这样通过 import 语句导入模块。一旦导入成功，用 "calendar. ～" 这种模块名加上圆点的形式，就可以执行 "～" 部分的函数。

导入模块还有另外两种方法（图 4-7-2）。

1. 用 as 重命名

指定 as 从句就可以在程序中使用你喜欢的别名。如上例所示，用 "import calendar" 语句导入模块，则必须用 "calendar. 函数名" 这种模块名和函数之间用圆点连接的语句来执行函数。同样的命令也可以用 as 从句来书写。

格式 导入模块时使用 as 从句

```
import calendar as c
```

因为有 "as c" 的描述，则可以用名称 "c" 来引用它。也就是说，可以写成：

```
print(c.month(2017,12))
```

当模块名称较长时，这是很有用的技巧（c 可以是你想要的任何名称）。

2. 用 from 可以不写模块名

另一种方法是用 from 来描述。

格式 导入模块时使用 from

```
from 模块名 import 要使用的函数名
```

例如，下面的代码在第 1 行中导入了函数"month"，因此在第 2 行中可以省略模块名。

```
from calendar import month
print(month(2017,12))
```

① import calendar 的时候
calendar.month

② import calendar as c 的时候
c.month

Calendar模块

month函数

③ from calendar import month 的时候
month

由于导入的方法不同，调用函数的写法也随之不同

图4-7-2 导入方法

用模块试着做很多事

Python 提供的模块种类繁多。本书后文有"显示窗口""创建 PDF"程序示例。如果没有模块，就无法制作这些程序。

相反，找到了"能实现目标操作的模块"，只需编写非常短小的程序就能达到目的。

现有很多使用方便的模块，例如"操作 Excel 工作表的模块""制作图像缩略图的模块"等。

在互联网上，用"Python 模块 使用方便"等作为关键词进行检索，应该会检索到不少。

读完这章，如果你已经熟悉了 Python 编程，请尝试使用喜欢的模块进行编程吧。

Chapter 5

试着编写猜数字游戏

到目前为止，我们已经学习了Python
编程的基本知识和基本语法。

本章中，我们将实际制作一款名为"Hit
& Blow"的猜数字游戏，通过灵活运用我们
所学过的知识进行具体实践。

Lesson

5-1

只要打好基础就能制作游戏

编写猜数字游戏喽

本章中，我们用 Python 编写一款名为"Hit & Blow"或"聪明人"的游戏。下面，我们将明确游戏规则，然后简要介绍一下在 Python 上制作这款游戏的情况。

> 我第一次听说"Hit & Blow"游戏。

> 复习到目前为止所学的 Python 基本语法，这可是一款非常适合的游戏。

> 一听到游戏，我马上满血复活啦～

Hit＆Blow游戏

"Hit & Blow"是一款猜 4 位数字的游戏（图 5-1-1）。两个玩家分饰"家长（出题者）"和"孩子（回答者）"的角色进行游戏。

"Hit & Blow"的规则

（1）家长利用"0"到"9"之间的数字考虑一个 4 位数字。同一数字可以多次使用。

（2）孩子猜想出一个 4 位数字告诉家长。

（3）家长根据孩子给出的数字计算出 Hit 分数和 Blow 分数，并将计算结果告诉孩子。

● 数字和位置都正确时＝ Hit

● 位置不正确，但是包含了那个数字时＝ Blow

（4）重复（2）～（3）操作，孩子根据每次的 Hit 分数和 Blow 分数，再猜想下一个 4 位数字。如果猜中家长考虑的那个 4 位数字，游戏结束。

如果孩子猜想出的数字能计算出"Hit 分数＝ 4"的结果，就是猜中了。游戏中（2）～（3）的重复次数越少就越优秀。

MEMO //

"Hit & Blow"游戏有两种规则：一种是同一数字可以重复使用；另一种是不允许重复使用。本书中将说明可以重复使用的那个游戏规则。

家长考虑的数 （孩子看不见）	**4 9 4 5**		

次数	孩子考虑的数	Hit	Blow
孩子 第 1 次 首先随便猜测一个数	**1 2 3 4** ➡ ④ 9 ④ 5 1 2 3 ④	**0**	**1** ↰
孩子 第 2 次 由于 Blow 分数为 1，所以应该能让 Hit 分数变成 1。试着调换一下数字顺序	**1 2 4 3** ➡ 试着调换 4 9 ④ 5 1 2 ④ 3	**1**	**0**
孩子 第 3 次 由于 Hit 分数为 1，所以数字 4 或 3 应该是正确的。把 3 换成 5 试试	**1 2 4 5** ➡ 试着换个数 4 9 ④⑤ 1 2 ④⑤	**2**	**0**
孩子 第 4 次 由于 Hit 分数为 2，所以确定数字 4 和 5 都是正确的	**1 2 4 5** ➡ 接着要试试变换这两个数字	**?**	**?**

图5-1-1 "Hit & Blow"游戏流程

这款游戏就是像这样，根据 Hit 和 Blow 的分数推理出家长所考虑的 4 位数字。

用Python编写Hit＆Blow游戏

那么，如何利用 Python 语句编写"Hit & Blow"游戏呢？大体流程如图 5-1-2 所示。Python 的"Hit & Blow"游戏里，计算机为家长（出题者），用户为孩子（回答者）。

首先，Python 程序会产生一个 4 位随机数。接着让用户输入猜测的 4 位数。Python 程序根据输入的 4 位数来计算 Hit 分数和 Blow 分数，并显示出来。如果 Hit 分数不等于 4 则表明没有猜中，需要用户再次输入一个 4 位数。重复这个过程，直到猜中为止。

第一步需要在 Python 中产生一个 4 位随机数，用 Python 语句如何实现呢？我们将从下一 Lesson 开始具体地编程。

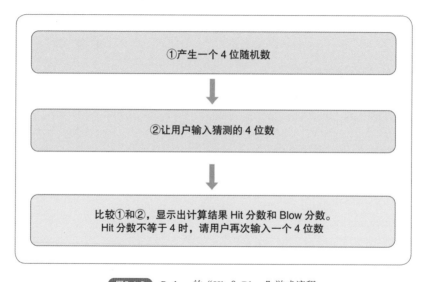

图5-1-2 Python 的"Hit & Blow"游戏流程

我一直以为编写游戏很困难，但这么看起来程序流程还挺简单呢。

接下来是如何编程实现各部分的功能。加油啊！

Lesson 5-2

从简单的地方开始，一步一步地深入

首先尝试1位随机数

虽然想马上生成 4 位的随机数，但一开始就是 4 位会比较困难。所以还是不要着急，先从 1 位的随机数开始尝试吧。让我们来猜猜看计算机生成的 1 位随机数。

> 是否猜中数字，我们可以用 Lesson 4-5 中学到的 if 语句来判断。

生成随机数的random模块

生成随机的数值需要使用 random 模块。按照【Lesson 4-7】中的说明，由于我们要使用的是 random 模块，所以首先写出 "import random" 语句进行导入。在 IDLE 中新建一个文件并编辑。

MEMO ///
随机的数值也称为随机数。

```
import random
```

当导入 random 模块后，利用 "random. 函数名" 形式可以使用各种各样的关于随机值的功能。

在表 5-1-1 所示的命令中，使用 "randint" 函数可以获取特定范围内的随机整数。比如使用 "random.randint(0,9)" 语句能获取 0 到 9 之间的随机整数。

事实上，当运行以下语句时，会将获取的 0 到 9 之间的随机数赋值给变量 a。

```
a = random.randint(0, 9)
```

表5-1-1 random 模块的主要函数（摘录）

函数	含义
random.seed(a, version)	设置随机数种子。平时不用，但需要每次运行获得同样序列值时，或者想增加更多的随机性时使用
random.randint(a, b)	返回a到b之间的一个随机整数
random.choice(seq)	从seq序列中随机抽取一个数
random.shuffle(x)	将x序列进行随机排列
random.random()	大于等于0.0到小于1.0的范围内，随机返回一个小数

显示1位的随机数

让我们来实际编写一个程序。下面是在 Python 的 IDLE 窗口中编辑好的程序和运行结果。你会看到每次都显示了不同的数值（图 5-2-1）。

MEMO

IDLE编辑器中需要运行多次的时候，简单地按下F5键就可以。

List example05-02-01.py

```
1  # coding:utf-8
2  import random ——— 导入 random 模块
3
4  a = random.randint(0, 9) ——— 返回一个 0 到 9 之间的随机整数
5  print(a)
```

```
=========== RESTART: C:/Users/chiro/Documents/example05-02-01.py ==
==========
3 ——— 每次运行都会显示不同的数值
>>>
=========== RESTART: C:/Users/chiro/Documents/example05-02-01.py ==
==========
0
>>>
=========== RESTART: C:/Users/chiro/Documents/example05-02-01.py ==
==========
6
>>>
=========== RESTART: C:/Users/chiro/Documents/example05-02-01.py ==
==========
0
>>>
```

图5-2-1 运行结果

输入字符

接下来，我们尝试输入字符。字符输入有好几种方法，使用"input"函数是

最简单的一种。

input 函数的使用方法如下所示：

```
b = input(" 请输入数字 >")
```

括号中的内容是想显示给用户的信息。在本例中，屏幕上显示"请输入数字>"提示后处于等待用户输入状态。用户一旦输入字符，input 函数就返回输入结果，在上例中输入结果赋值给了变量 b。

也就是说，如果在显示"请输入数字 >"提示的窗口里输入了"5"，则变量 b 的值将变为"5"。

让我们在 IDLE 中创建并编辑一个新文件，内容如下所示。运行程序时，屏幕上会显示"请输入数字 >"的提示，你在其后输入"5"。因为用"print"语句来显示，所以屏幕上会显示"5"（图 5-2-2）。

List　example05-02-02.py

```
1   # coding:utf-8
2
3   b = input(" 请输入数字 >")  ———→ 得到用户的输入
4   print(b)  ———→ 显示输入的数字
```

```
============ RESTART: C:/Users/chiro/Documents/example05-02-02.py ==
==========
请输入数字>5  ←— 输入 5 的话，就
5  ←—           会显示 5
>>>
```

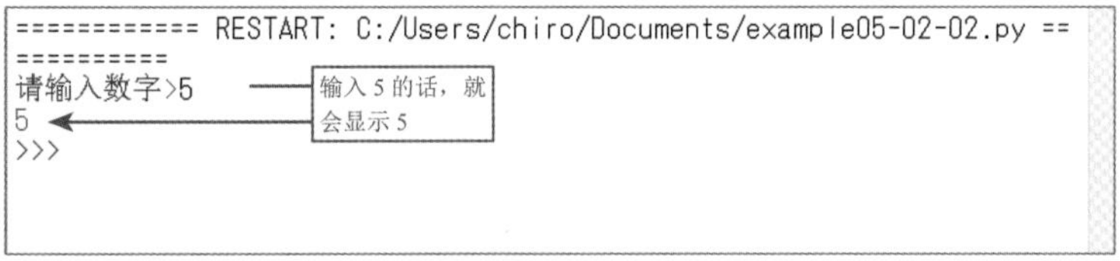

图5-2-2　运行结果

判断是否猜中

如果将随机产生 1 位数字的程序 example05-02-01.py 和输入字符的程序 example05-02-02.py 组合到一起，就可以进行一个简单的游戏：家长随机产生 1 位数字，让孩子来猜，然后判断是否猜中。

在第一个程序中，变量 a 已经被赋值了随机数；在第二个程序中，变量 b 已经赋值了用户输入的值。使用 if 语句（请参阅【→ P93】）就可以判定变量 a 和变量 b 的值是否相等，以确认是否猜中。

像下面这样，如果变量 a 和变量 b 相等，则执行"print(" 猜中了 ")"语句；如果变量 a 和变量 b 不相等，则执行"print(" 猜错了 ")"语句（图 5-2-3）。

```
if a == b:
    print("猜中了")
else:
    print("猜错了")
```

这样，一个猜 1 位随机数的简单游戏就应该制作出来了。

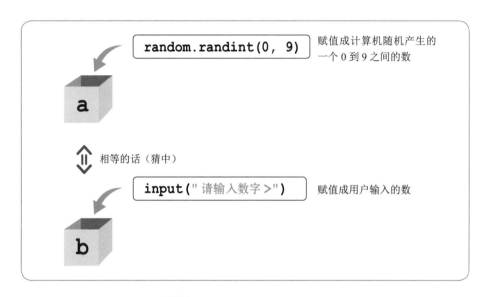

图5-2-3 判断变量 a 和变量 b 是否相等

让我们实际试做一下。如果将 example05-02-01.py 和 example05-02-02.py 合并在一起，并添加上述的逻辑，则会生成 example05-02-03.py 程序。

"if" 和 "else" 后面的行需要缩进，否则无法正常运行，请正确输入。

List　example05-02-03.py（实际上，即使猜中也不会显示 "猜中了" →见下文）

```
1   # coding:utf-8
2   import random
3
4   a = random.randint(0, 9)  ———— 计算机随机产生的数
5   print(a)  ———— 为了确认特意显示出来
6
7   b = input("请输入数字 >")  ———— 用户输入的数
8   if a == b:  ———— 判断是否相等（实际上是不相等→见下文）
9       print("猜中了")  ———— 相等的话，显示 "猜中了"
10  else:
11      print("猜错了")
```

必须转换成数值

在"example05-02-03.py"中，为了进行动作测试，故意在屏幕上显示计算机随机产生的数（第 5 行的 print(a)）。比如随机数是 8 的时候，屏幕显示为：

```
8
请输入数字 >
```

这时输入 8 的话，应该显示"猜中了"，而不是"猜错了"。

实际的运行结果如图 5-2-4 所示。

由于第 1 次显示的随机数为"8"，所以故意输入一个错误答案 5。当然就会显示结果"猜错了"。

然后再次运行。这次显示的随机数为"6"，所以试着输入了相同的值"6"。本应显示"猜中了"，竟然与预想相反显示出"猜错了"。

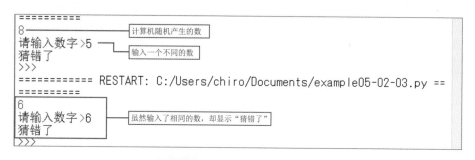

图5-2-4　即使猜中也显示"猜错了"

之所以没能显示出预想结果，是因为拿"数值"跟"字符串"进行了比较。

"random.randint(0,9)"产生的随机值是 0 到 9 之间的"数值"。而通过"input"函数输入的内容被识别为"字符串"。在 Python 中，"=="逻辑运算符认为"数值"和"字符串"是不相等的。

那么，如何解决这个问题呢？就需要把输入的"字符串"转换成"数值"。转换成整数请使用"int"函数。也就是说，对刚才的程序进行如下修改。

格式　int 函数的用法示例

```
b = int(input("请输入数字 >"))
```

程序中使用"int"函数后，就能正确判断了（图 5-2-5）。

将"数值"和"字符串"进行比较，虽然在我们看来是相等的，但在 Python 中被认为是不相等的。因此，必须十分注意处理对象是"数值"还是"字符串"。

List example05-02-03.py（已经修改正确）

```
1   # coding:utf-8
2   import random
3
4   a = random.randint(0, 9)
5   print(a)
6
7   b = int(input(" 请输入数字 >"))          ——— 修改的地方
8   if a == b:
9       print(" 猜中了 ")
10  else:
11      print(" 猜错了 ")
```

```
============ RESTART: C:/Users/chiro/Documents/example05-02-03.py ==
==========
9
请输入数字>9
猜中了
>>>
```

图5-2-5　正确地显示"猜中了"

数值和字符串，嗯……
看起来是相同的，但在 Python 中，处理方法却不一样呢。

这是非常容易疏忽的地方。用 Python 编程时必须特别留意！

Lesson
5-3

利用列表来管理会更简单好用

制作4位的随机数

既然已经完成了1位的猜数字游戏，让我们开始制作4位的"Hit & Blow"游戏吧。和1位时一样，首先从生成4位的随机数开始。

不管是1位还是4位，程序的基本组成方法是相同的。

生成4位的随机数

要产生4位的随机数，只需将生成1位随机数的过程简单地重复四次即可。换句话说，我们准备四个变量，比如"a1""a2""a3"和"a4"，然后将多次生成的随机数分别赋值给它们。具体来说，就是在IDLE窗口中新建一个文件，编写出如下的程序。

List　example05-03-01.py

```
1   # coding:utf-8
2   import random
3
4   a1 = random.randint(0, 9)
5   a2 = random.randint(0, 9)      产生4个随机数
6   a3 = random.randint(0, 9)
7   a4 = random.randint(0, 9)
8
9   print(str(a1) + str(a2) + str(a3) + str(a4))    把数字连接起来显示
```

这个程序中需要注意的是第9行的print(str(a1) + str(a2) + str(a3) + str(a4))部分。由于"a1""a2""a3"和"a4"都是数值，如果将它们简单地相加，就会得到四个数值的合计值（图5-3-1）。而我们想得到的是把四个数值连接起来显示，所以必须用"str"函数把它转换成字符串（请参见P58）。实际运行将会显示一个4位的随机数（图5-3-2）。

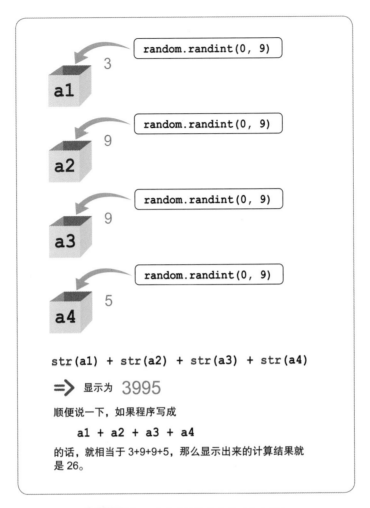

str(a1) + str(a2) + str(a3) + str(a4)

⇒ 显示为 3995

顺便说一下，如果程序写成

    a1 + a2 + a3 + a4

的话，就相当于 3+9+9+5，那么显示出来的计算结果就
是 26。

图5-3-1 将四个数值连接起来显示为字符串

```
=========== RESTART: C:/Users/chiro/Documents/example5_03_01.py ===
=========
6437
>>>
=========== RESTART: C:/Users/chiro/Documents/example5_03_01.py ===
=========
2093 ──── 随机生成的 4 位数被显示
>>>
=========== RESTART: C:/Users/chiro/Documents/example5_03_01.py ===
=========
2511
>>>
```

图5-3-2 运行结果（每次运行都会显示不同的 4 位数）

知识栏 ○ ○ ○ ○ ○ ○ ○ ○ ○ ○

生成 4 位随机数的另一种方法

为了生成 4 位随机数，可以用下述语句生成一个 "0" 到 "9999" 之间的随机数。

```
a = random.randint(0, 9999)
```

这个方法虽然可以生成一个 4 位随机数，但由于 "Hit & Blow" 游戏中是猜测 4 位数中的每一位数字。所以如果使用上述方法就必须要计算出随机数的 "千位数" "百位数" "十位数" 和 "个位数"。

考虑到在此所需花费的功夫，还是分别管理每位的数字，需要显示时再连接起来的处理方法会更简单些，所以本书采用了分别管理数字的方法。

使用列表

上例中虽然将随机数保存在不同的变量 "a1" "a2" "a3" "a4" 中，但以后的数值比较，程序处理会变得复杂一些。

实际上，在 Python 中有将同类的值汇总在一起保存的 "列表（list）"，所以可以使用列表将 4 个随机数集中起来保存，那么查找数据就会变得容易。综上所述，下面将不使用独立的变量 "a1" "a2" "a3" "a4"，而是使用 "列表" 来保存管理数据。

列表是能将许多数值集中在一起保存的功能。在【Lesson 4-3】里说明的 for 语句中也曾使用过列表。列举的数据用 "[]" 符号括起来，并用逗号 "," 把各个数分隔开。例如：

```
a = [6, 8, 0, 2]
```

说明 a 中有 4 个盒子，分别保存了 "6" "8" "0" "2" 的值。这样的每个盒子都称为 "元素（element）"。对于每个元素都带有一个从 "0" 开始的编号，此编号称为 "索引" 或 "下标"（图 5-3-3）。

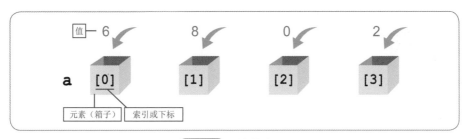

图5-3-3 列表基础知识

for 语句中使用了 [1,2,3,4] 这样连续的数值，但实际上，列表中可以按想要的顺序存储任何想要的值。

可以通过指定下标来引用元素的值。例如，在图 5-3-3 中，a[0] 表示 "6"，a[1] 表示 "8"，a[2] 表示 "0"，a[3] 表示 "2"。

为了了解列表，请在交互模式下试着运行一下。首先输入以下内容。

交互模式

```
a = [6, 8, 0, 2] Enter
```

这样的话，变量 a 就被设定成如图 5-3-3 的状态。

交互模式

```
a[0] Enter
```

上面的命令将显示存储在 a[0] 中的值 6。同样地试着输入 a[1]、a[2] 和 a[3]（图 5-3-4）。

```
Type "copyright", "credits" or "license()" for more
>>> a = [6, 8, 0, 2]    ── 往列表里设定数值
>>> a[0]
6
>>> a[1]
8
>>> a[2]
0
>>> a[3]
2
>>>
```
　　　　　　　　　　　　　　引用每个元素的值

图5-3-4 交互模式下尝试执行

这很容易理解啦！如果你一个接一个地输入各元素，就会明白列表是如何工作的。

使用列表生成4位的随机数

现在，我们将使用变量 a1、a2、a3、a4 的程序 example05-03-01.py 改写为使用"列表"。修改后的程序是 example05-03-02.py。

我们使用列表，把随机数的赋值进行如下改写。把 a[0] 到 a[3] 这四个元素里赋值成 4 个随机数。

```
a = [random.randint(0, 9),
    random.randint(0, 9),
    random.randint(0, 9),
    random.randint(0, 9)]
```

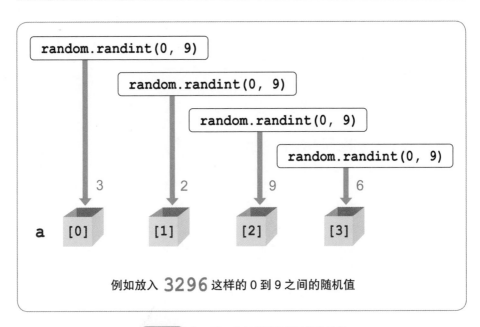

例如放入 **3296** 这样的 0 到 9 之间的随机值

图5-3-5 把 0 到 9 之间的随机值赋值给元素

List example05-03-02.py

```
1  # coding:utf-8
2  import random
3
4  a = [random.randint(0, 9),    a[0] 的值
5      random.randint(0, 9),     a[1] 的值     修改的地方
6      random.randint(0, 9),     a[2] 的值
7      random.randint(0, 9)]     a[3] 的值
8  print(str(a[0]) + str(a[1]) + str(a[2]) + str(a[3]))
```

Lesson
5-4

在输入不正确时判断错误的步骤

正确输入4位数字

接下来，考虑输入 4 位数字的方法。我们要考虑当输入 4 位以上的数字或输入的内容不是数字时，显示出错误并重新输入。

如果输入了数字以外的字符，会很麻烦呢······

没事的。可以通过设置标识来判断。

通过指定元素可以逐个地获取字符

考虑到以后要根据输入的数字计算 Hit 分数和 Blow 分数，和【Lesson 5-3】中将作为答案的随机数字保存在列表里分成 4 个一样，也将输入的 4 个字符分开管理，那样的话会变得简单容易。

实际上，在 Python 中字符串可以像列表一样使用 [] 括号中的下标，从开头按顺序逐个地把字符提取出来。比如当用户输入 "5329" 后，引用 "b[0]" 能得到 "5" 字符，引用 "b[1]" 能得到 "3" 字符（图 5-4-1）。

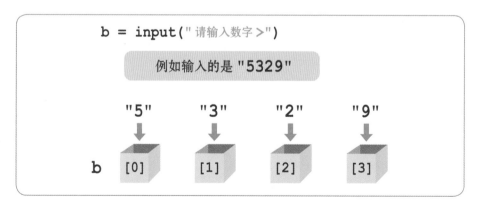

图5-4-1 通过下标可以从字符串中逐个地获取字符

让我们来实际制作一下。在 IDLE 窗口中新建一个文件并编写成如下的程序。运行程序就会在输入 4 位数字后依次显示每个输入数字。

List example05-04-01.py

```
1   # coding:utf-8
2   import random
3
4   b = input("请输入数字 >")  ——— 用户输入 4 位数字
5   print(b[0])
6   print(b[1])     ——— 从左到右依次显示第 1 个，第
7   print(b[2])           2 个，第 3 个和第 4 个字符
8   print(b[3])
```

```
>>>
============ RESTART: C:/Users/chiro/Documents/examp
=========
请输入数字 >5329  ——— ①用户输入 4 位数字
5
3
2     ——— ②每位数字都被显示出来
9
>>>
```

图5-4-2 运行结果

排除输入不正确的情况

由于这是一款猜 4 位数字的游戏，所以当显示"请输入数字 >"的提示后，本来需要用户输入 4 位数字，但用户可能会输入错误，比如输入了不是 4 位，而是 3 位或 5 位的数字。又或者输入了不是数字，而是 a、b 这类英文字母。因为输入的不正确会让游戏出现问题，所以我们需要把它当作错误来处理。

1. 检查是否为 4 位

首先，试着确认输入的是 4 位。Python 中使用 len 函数来计算字符串长度。

如果 len(b) 不是 4——即利用"if len(b) != 4:"条件判断语句，检查输入的是否是 4 位，如下所示。

```
b = input("请输入数字 >")
if len(b) != 4: ──────────────────  如果变量 b 中的数字不是 4 位
    print("请输入 4 位数字 ")
```

但实际上，仅检查是否是 4 位还是不够的，而是希望用户在输入不是 4 位的情况下能反复输入，直到正确地输入 4 位为止。因此，需要使用 while 循环语句来改写 example05-04-01.py，如下所示：

List　example05-04-02.py

```
1   # coding:utf-8
2   import random
3
4   isok = False ──────────────  最初，标识赋值为 False
5   while isok == False: ──────  标识为 False 时，循环处理
6       b = input("请输入数字 >")
7       if len(b) != 4:
8           print("请输入 4 位数字 ")
9       else:
10          isok = True ──────  正确输入后，标识赋值为 True（这样就可以结束循环处理）
11
12  print(b[0])
13  print(b[1])
14  print(b[2])
15  print(b[3])
```

此程序使用 while 语句，直到满足条件才结束循环处理。while 语句格式就像在【Lesson 4-4】中曾经说明过的：

```
while 条件表达式 :
    条件成立时想执行的命令
```

while 语句写成这样，就能够循环执行了。

在这里，我们准备了变量 isok 来标识是否正确输入了值。isok 变量最初赋值为 "False"。

```
isok = False
```

下记条件表达式在 isok 变量为 False 时成立，所以能够执行 while 语句中的命令。

```
while isok == False:
```

接着，显示 "请输入数字 >" 提示，并将用户输入的结果存储在变量 b 中。

```
b = input(" 请输入数字 >")
```

然后，利用 if 语句判定是否是 4 位。

```
if len(b) != 4:
    print(" 请输入 4 位数字 ")
else:
    isok = True
```

如果不是 4 位，则显示 "请输入 4 位数字"。

如果是 4 位，则 isok 赋值为 True。于是，不再满足循环处理的条件：

```
while isok == False:
```

循环处理就结束了。

实际运行时，如果输入的不是 4 位数字，系统会不停地显示提示，让用户重复输入（图 5-4-3）。

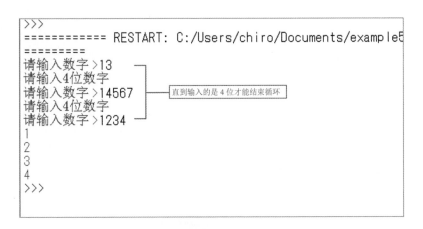

图5-4-3 运行结果

在此程序中，利用 isok 变量来判断 "输入正确吗？" 的状态。这种 "准备是否就绪？" 的判断在编程中经常出现，即保存状态并执行循环处理，直到准备就绪为止才能结束循环（图 5-4-4）。

用于判断是否准备就绪等，其值为 True 或 False 的变量称为标识（Flag）。准备就绪时比作 "举起旗子（True）"，没准备好时比作 "放下旗子（False）"（图 5-4-5）。

```
isok = False ──── ①最初，赋值 isok 为 False

while isok == False:                    ⑤如果执行了④(2)让 isok 为 True，循环结束

        ②第一次由于 isok 为 False，所以执行循环体的命令        ⑥如果不是⑤的话，再次执行循环

  b = input("请输入数字 >")    ──── ③输入的字符串赋值给变量 b

  if len(b) != 4:
    print("请输入 4 位数字")    ──── ④(1)b 不是 4 位时显示提示。这时 isok 还是 False
  else:
    isok = True ──── ④(2) 如果是 4 位时，赋值 isok 为 True

print(b[0])
print(b[1])
print(b[2])
print(b[3])
```

图5-4-4 构建重复输入的机制

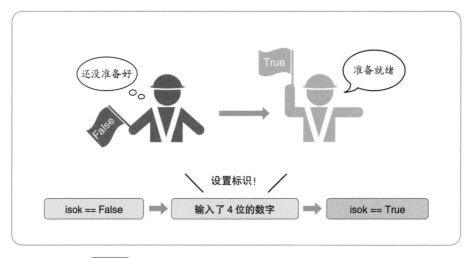

图5-4-5 标识（Flag）：举起旗子时为 True，放下旗子时为 False

2. 检查每位是否为数字

接下来，以同样的方式判断每位是否是数字。

所谓每位都是数字，就是每位都必须介于 0 和 9 之间。因此可以如下这样判断：

```
if (b[0] >= "0") and (b[0] <= "9") :
```

变量 b 中的每个元素都是用户输入的"字符串"中的一位,而不是"数值"。因此,请注意要像 "0" 或 "9" 这样用双引号括起来,作为"字符串"来处理。把它作为"数值"做如下的处理是错误的。

【不正确】

```
if (b[0] >= 0) and (b[0] <= 9) :
```

MEMO //

另外一种方法就是"if (int(b[0]) >= 0) and (int(b[0]) <= 9):"。即利用 int 函数先转换 b[0],使之变成整数。但是在 b[0] 不是数字的情况下,int 函数会发生错误。在这里没法保证 b[0] 中有正确输入的数字,所以还是作为字符串进行比较妥当些。

我们是想当输入不正确时显示错误信息。因此为了要显示错误,需要用上面相反的条件来判断(图 5-4-6)。

```
if (b[0] < "0") or (b[0] > "9"):
    print(" 不是数字 ")
```

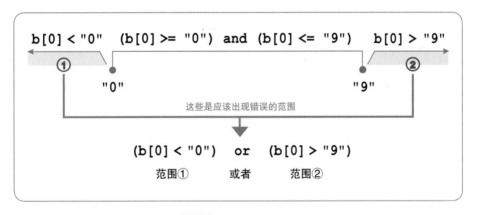

图5-4-6 是否是数字的判断

到目前为止,只说明了第 1 位的判断。如果对第 2 ～ 4 位进行同样的比较,就可以检查所有位数了。编写的程序就是下面的 example05-04-03.py。

把以前的程序进行改写,另存为其他的名称吧。试着实际运行就会理解:如果输入了数字以外的字符,就会不断提示"请输入数字"(图 5-4-7)。

List　example05-04-03.py

```
1   # coding:utf-8
2   import random
3
4   isok = False
5   while isok == False:
6       b = input("请输入数字 >")
7       if len(b) != 4:
8           print("请输入 4 位数字 ")
9       else:
10          if (b[0] < "0") or (b[0] > "9") :      判断第 1 位
11              print(" 不是数字 ")
12          elif (b[1] < "0") or (b[1] > "9") :    判断第 2 位
13              print(" 不是数字 ")
14          elif (b[2] < "0") or (b[2] > "9") :    判断第 3 位
15              print(" 不是数字 ")
16          elif (b[3] < "0") or (b[3] > "9") :    判断第 4 位
17              print(" 不是数字 ")
18          else:
19              isok = True      每位都正确的时候
20
21  print(b[0])
22  print(b[1])
23  print(b[2])
24  print(b[3])
```

```
>>>
============ RESTART: C:/Users/chiro/Documents/example05
==========
请输入数字>ab12
不是数字                    判断是否是数字
请输入数字>123a
不是数字
请输入数字>1234
1
2
3
4
>>>
```

图5-4-7　运行结果

运用循环来简化判断

上述写法虽然能达到目的，但是由于有太多的"if"，程序既不美观又不太容易理解。让我们再下点功夫修改一下吧。为此，采用通过循环来判断每位字符的方法。想要修改的是以下部分：

```
if (b[0] < "0") or (b[0] > "9") :
    print(" 不是数字 ")
elif (b[1] < "0") or (b[1] > "9") :
    print(" 不是数字 ")
elif (b[2] < "0") or (b[2] > "9") :
    print(" 不是数字 ")
elif (b[3] < "0") or (b[3] > "9") :
    print(" 不是数字 ")
else:
    isok = True
```

由于这里只是循环判断 4 个位数，所以使用 for 语句可以缩短程序，使之变得容易理解。

```
for i in range(4):
    各位数的比较处理
```

实际修改后的程序如下所示：

```
kazuok = True                        ──── 为了检查是否是数字而设置
for i in range(4):                   ──── 从 0 到 3 循环 4 次
    if (b[i] <"0") or (b[i] > "9") :
        print(" 不是数字 ")
        kazuok = False               ──── 不是数字
        break
if kazuok :
    isok = True                      ──── 由于全部都是数字，所以 OK
```

为了检查是否是数字而准备了变量 "kazuok"。最初，通过如下所示的语句，设定成 "应该输入了正确的数字吧"。

```
kazuok = True
```

接着循环处理重复 4 次。

```
for i in range(4):
```

变量 i 的值边 "0" "1" "2" "3" 这样变化，边进行着循环处理。
然后，通过下面的语句判断是否是数字。

```
if (b[i] <"0") or (b[i] > "9") :
```

不是数字的时候，显示错误信息 "不是数字"。

```
print(" 不是数字 ")
```

并且将 kazuok 设置为 False。

```
kazuok = False
```

因为变量 kazuok 设置成 True 表示"输入的是数字",所以要把它设定为"实际检查后发现不是数字"。

发现一位不是数字,剩余的部分就不需要再判断。因此使用下述命令:

```
break
```

结束循环处理,跳转到循环体外的下一条命令。

最后检查 kazuok 的值是否为 True。

```
if kazuok :
    isok = True
```

如果 kazuok 为 True,就意味着输入的都是数字。也就是说输入没有问题。因此将 isok 设置为 True。

程序稍微有些复杂,将到目前为止的代码总结成"example05-04-04.py",程序流程如图 5-4-8 所示。

List example05-04-04.py

```
1   # coding:utf-8
2   import random
3
4   isok = False
5   while isok == False:
6       b = input("请输入数字 >")
7       if len(b) != 4:
8           print("请输入 4 位数字 ")
9       else:
10          kazuok = True
11          for i in range(4):
12              if (b[i] <"0") or (b[i] > "9") :
13                  print(" 不是数字 ")
14                  kazuok = False
15                  break
16          if kazuok :
17              isok = True
18
19  print(b[0])
20  print(b[1])
21  print(b[2])
22  print(b[3])
```

修改的地方

```
isok = False ──────────────  ①变量 isok 是为了检查整体是否是正确的而准备的。最
                              初设定为 False，表示"不正确"
while isok == False:
    b = input(" 请输入数字 >")
    if len(b) != 4:
        print(" 请输入 4 位数字 ")
    else:
        kazuok = True ──────  ②变量 kazuok 是为了检查 4 位是否是数字而准备的。最初
                              设定为 True，表示"大概应该是数字吧"
        for i in range(4):
            if (b[i] <"0") or (b[i] > "9") :
                print(" 不是数字 ")
                kazuok = False ──  ③不是数字的时候，把变量 kazuok 设定为 False。
                break              也就表示：虽然最初认为是数字，但实际一检
                                   查发现不是数字
        if kazuok :  ────────  ④全部都是数字，也就是说没有执行过③的部分，所以
            isok = True            整体是正确的
```

在 isok 的值为 False 的时候，循环

循环 4 次

图5-4-8 全体的流程

知识栏 ○ ○ ○ ○ ○ ○ ○ ○ ○ ○

用正则表达式进行全字匹配

以上，我们采用了最基本的逐位检查的方法。实际上，一位位地检查是非常麻烦的。

另一种更智能的方法是使用正则表达式。正则表达式是使用事先定义好的"规则字符串"，从字符串的开头开始对字符串进行匹配的方法。这称为模式匹配（example05-04-05.py）。

检查数字要使用特殊符号 "\d"。也就是说，从开头开始通过连接在一起的四个 "\d"，可以检查字符串是否为 4 位数字（图 5-4-9）。如果你熟悉正则表达式的话，可以使用这种简单的匹配方法。

又，正则表达式是 re 模块提供的。因此，需要按照如下所示导入 re 模块。

```
import re
```

转到下一页

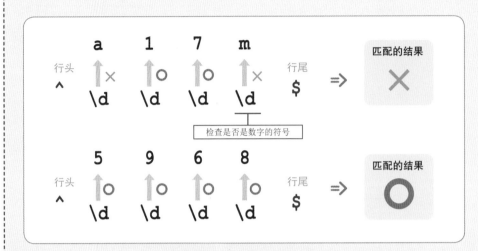

图5-4-9 正则表达式的模式匹配

List example05-04-05.py

```
1   # coding:utf-8
2   import re
3
4   isok = False
5   while isok == False:
6       b = input("请输入数字 >")
7       if not re.match(r"^\d\d\d\d$", b):
8           print("请输入 4 位数字 ")
9       else:
10          isok = True
11
12  print(b[0])
13  print(b[1])
14  print(b[2])
15  print(b[3])
```

如何比较变量a和b

判断Hit和Blow

在前面的程序中，变量 a 里保存的是 4 位随机数，变量 b 里保存的是用户输入的 4 位数字。随后要比较这两个变量，计算出 Hit 分数和 Blow 分数并显示出来，最终完成这款游戏。

如果能判定出是否猜中，就能完成这款游戏了！

嗯。如果能正确地写好循环处理，就没有问题啦。

判断Hit

首先从 Hit 的判定开始吧。

Hit 表示位置和数字都是一样的这种状态。比较变量 a 和变量 b 就需要从 0 到 3 对其所包含的 4 个元素都逐一进行比较。程序通常会写成如下形式。让我们在 IDLE 窗口中新建一个文件，边写边考虑逻辑。

程序里使用了一个名为"hit"的变量来保存 Hit 分数，但其实使用其他的变量名也可以。

```
hit = 0 ———————————————— 保存 Hit 分数的变量
if a[0] == int(b[0]):
    hit = hit + 1 ——— 第 1 位
if a[1] == int(b[1]):
    hit = hit + 1 ——— 第 2 位
if a[2] == int(b[2]):
    hit = hit + 1 ——— 第 3 位
if a[3] == int(b[3]):
    hit = hit + 1 ——— 第 4 位
```

稍加思考就会发现，也可以用 for 语句写成循环处理。用 for 循环改写的话，程序变成如下这样的框架（图 5-5-1）。

```
hit = 0
for i in range(4):
  if a[i] == int(b[i]):
    hit = hit + 1
```

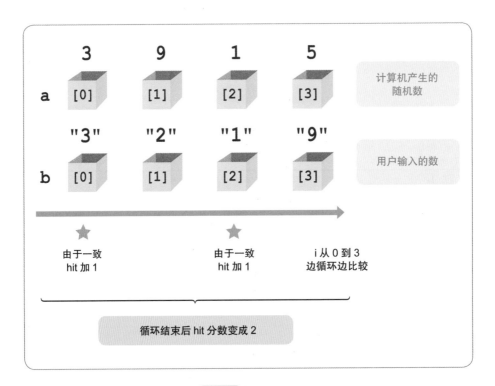

图5-5-1 Hit 的判定

判断Blow

接下来是 Blow 的判定。

Blow 表示"数字一致，但放置的位置不同"的状态。这就需要验证变量 b 的每位数字与变量 a 的每位数字是否一致。

来看看具体示例吧。例如计算机产生的随机数（变量 a）为"4119"，用户输入的数（变量 b）为"1439"（图 5-5-2）。在这种情况下，b 的最左位数（b[0]）的 Blow 判定是要与 a 的每个位数逐一进行比较，判定流程如下：

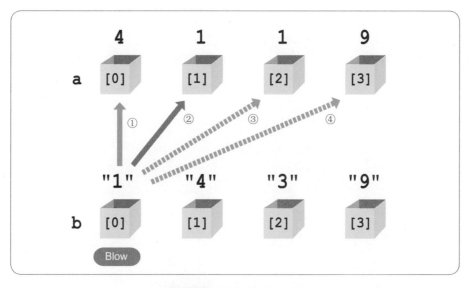

图5-5-2　第 1 位的 Blow 判定

（1）检查 b[0] 是否与 a[0] 一致 → 不一致。

（2）检查 b[0] 是否与 a[1] 一致 → 一致 → Blow。

（3）由于（2）中已经判定 Blow 了，所以不需要再做此位数的检查。

（4）由于（2）中已经判定 Blow 了，所以不需要再做此位数的检查。

综上所述，最左位数是符合 Blow 的条件。

编写程序来实现这个判定逻辑。由于 b[0] 只需和 a[0]、a[1]、a[2]、a[3] 相比较，所以程序可以写成：

```
blow = 0
for i in range(4):
    if (int(b[0]) == a[i]):  ——— 用循环来顺序地检查 b[0] 和 a[0]、a[1]、a[2]、a[3] 是否一致
        blow = blow + 1
        break  ——— 如果一致的话，结束判定
```

为了不重复计算 Blow 分数，符合 Blow 条件后就要立即执行 break 语句来结束 Blow 判定。如果不执行 break 语句，步骤（3）中会再一次检查出一致，那么 Blow 分数就会变成 2。

排除掉重复的计数

Hit 和 Blow 的判定逻辑大体上就是这些，但是因为存在"既符合 Hit 条件又符合 Blow 条件"的情况，所以 if 语句中指定的条件实际上是不够的。

如图 5-5-3 所示，用户输入的数为"9439"。在这种情况下，由于 b[0] 的"9"与 a[3] 的"9"一致,好像可以判定为 Blow,但实际上 a[3] 与 b[3] 是符合 Hit 条件的。所以简单判断的话，Hit 分数和 Blow 分数就会被重复计数，应该排除掉这种重复的计数。

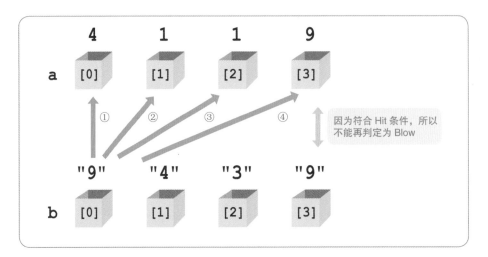

图5-5-3 排除掉"既符合 Hit 条件又符合 Blow 条件"的情况

为了排除这种情况，下面将改变 Blow 判定中的 if 条件。

```
if (int(b[0]) == a[i]) and (a[i] != int(b[i])) and (a[0] != int(b[0])):
```
排除用的条件

对于第 2 位以及后面的各位数字，也要用同样的方式做检查。比如第 2 位就检查 b[1]。

```
for i in range(4):
  if (int(b[1]) == a[i]) and (a[i] != int(b[i])) and (a[1] != int(b[1])):
    blow = blow + 1
    break
```
输入的第 2 位

因此检查全部的 4 位，即也检查 b[2] 和 b[3] 的话，程序就变成：

```
blow = 0
for i in range(4):
  if (int(b[0]) == a[i]) and (a[i] != int(b[i])) and (a[0] != int(b[0])):
    blow = blow + 1
    break
for i in range(4):
  if (int(b[1]) == a[i]) and (a[i] != int(b[i])) and (a[1] != int(b[1])):
    blow = blow + 1
```
第1位
第2位

```
      break
for i in range(4):
  if (int(b[2]) == a[i]) and (a[i] != int(b[i])) and (a[2] != int(b[2])):
    blow = blow + 1
                        第3位
    break
for i in range(4):
  if (int(b[3]) == a[i]) and (a[i] != int(b[i])) and (a[3] != int(b[3])):
    blow = blow + 1
                        第4位
    break
```

但是程序太长了，使用循环语句来缩短它（图 5-5-4）。

```
blow = 0
for j in range(4):          j为 0,1,2,3 时，移动用户输入的位数来循环
  for i in range(4):
    if (int(b[j]) == a[i]) and (a[i] != int(b[i])) and (a[j] != int(b[j])):
      blow = blow + 1
      break                 用户输入的第 j 位
```

使用了 j 变量，程序稍微复杂了一些。当然变量名可以是任意的。

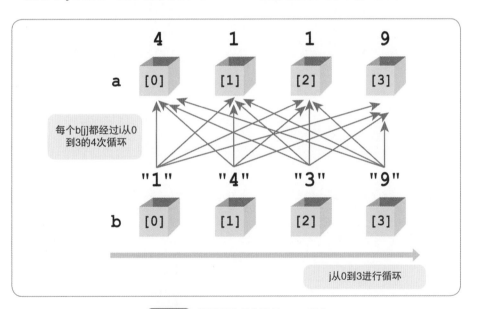

图5-5-4 用循环处理来进行 Blow 判定

直到Hit分数为4，结束循环

明白了 Hit 判定和 Blow 判定后，让我们把它放入程序中。在 "Hit & Blow" 游戏中，一直循环直到 Hit 分数达到 4。也就是说 Hit 分数达到 4 的时候就是 4 位数全部猜中。实际制作的程序如下所示：

Lesson 5-3 的 example05-03-02.py 程序

List example05-05-01.py

```
1   # coding:utf-8
2   import random
3
4   a = [random.randint(0, 9),
5        random.randint(0, 9),
6        random.randint(0, 9),
7        random.randint(0, 9)]
8
9   # 为了运行测试，把答案显示出来
10  print(str(a[0]) + str(a[1]) + str(a[2]) + str(a[3]))
11
12  while True :
13      # Lesson 5-4 的程序
14      # 判断是否是 4 位的数字
15      isok = False
16      while isok == False:
17          b = input("请输入数字 >")
18          if len(b) != 4:
19              print("请输入 4 位数字")
20          else:
21              kazuok = True
22              for i in range(4):
23                  if (b[i] <"0") or (b[i] > "9") :
24                      print("不是数字")
25                      kazuok = False
26                      break
27              if kazuok :
28                  isok = True
29
30      # 是 4 位数字的情况下
31      # Hit 判定
32      hit = 0
33      for i in range(4):
34          if a[i] == int(b[i]):
35              hit = hit + 1
36
37      # Blow 判定
38      blow = 0
39      for j in range(4):
40          for i in range(4):
41              if (int(b[j]) == a[i]) and (a[i] != int(b[i])) and
    (a[j] != int(b[j])):
42                  blow = blow + 1
43                  break
44
45      # 显示 Hit 分数和 Blow 分数
46      print("Hit " + str(hit))
47      print("Blow " + str(blow))
```

计算机生成的
4 位随机数

标识用户输入是否是
4 位数字的变量

b 是用户输入的值

检查长度是否是 4 位

检查每位是否是数字

在 P140 制作的
Hit 判定

在 P143 制作的
Blow 判定

新追加的部分

```
48
49      # Hit 分数为 4 时，因猜中而结束程序
50      if hit == 4:
51          print("猜中了！")        ──────→  猜中了就执行 break 语句，结束循环
52          break
```

让我们实际玩一下这款游戏。为了进行程序的运行测试，计算机生成的随机数（答案）首先显示在屏幕上。然后，输入几个数字进行猜测。全部都猜中的话，显示"Hit 4"→"猜中了！"，游戏结束（图 5-5-5）。

```
4019 ──────────────────  答案故意显示出来
请输入数字>1234
Hit  0
Blow 2
请输入数字>4165
Hit  1
Blow 1
请输入数字>4015
Hit  3
Blow 0
请输入数字>4019
Hit  4
Blow 0
猜中了！
>>>
```

图5-5-5 试着玩"Hit & Blow"游戏

隐藏答案

程序的运行测试结束后，可以把计算机生成的随机数，也就是答案不显示出来，那么游戏就制作完成了。显示答案的程序是这部分。

```
print(str(a[0]) + str(a[1]) + str(a[2]) + str(a[3]))
```

将此语句删除。或者，不删除而是在行首插入"#"符号将它变成注释行。

不删除而是变成注释行的话，以后又想显示答案时只需删掉"#"符号就能简单地再次显示。

因此，当你想要暂时停止，禁用或恢复某些特定处理时，可以使用注释语句。

```
print(str(a[0]) + str(a[1]) + str(a[2]) + str(a[3]))
```

↓行首加上"#"符号就会变为注释，由于注释不会被执行所以不会显示答案。

```
# print(str(a[0]) + str(a[1]) + str(a[2]) + str(a[3]))
```

读书笔记

Chapter 6

将猜数字游戏图形化

在第5章中我们制作了一款名为"Hit & Blow"的猜数字游戏，但由于游戏交互都只通过文字，游戏界面很难看且乏味。在本章中将此游戏显示到窗口中，使其界面图形化，变得更像游戏的样子。

Lesson 6-1

将只有字符的游戏转换为窗口模式

如何设计游戏的界面

在这一章中学习如何用 Python 显示窗口的方法。具体来说，我们考虑将第 5 章中制作的"Hit & Blow"猜数字游戏显示到窗口中，使其更像一款游戏。

虽然很难，但是制作出游戏啦！

但是你还想继续改善它，使其变得更有趣吧。

要不要改成用鼠标来操控游戏呢？

使用模块就可以用窗口显示游戏了。让我们首先考虑要设计成什么样的游戏界面吧。

用Python显示窗口

在第 5 章，我们在 Python 的 IDLE 窗口中输入数字来玩猜数字游戏。在第 6 章，我们将改造游戏程序，使其不在 IDLE 窗口，而是在显示的游戏窗口里玩猜数字游戏。

具体来说，就是要改造成在游戏窗口中输入 4 位数字后，单击 [检查] 按钮就显示出 Hit 分数和 Blow 分数。如图 6-1-1 所示。

编程要点在于：①单击按钮时如何取出已经输入到文本框中的数字？②为了游戏顺利地进行，该如何将消息显示给用户看呢？

图6-1-1 图形化的游戏

更像游戏的设计

考虑到玩"Hit & Blow"游戏时，虽然每当你像图 6-1-1 输入数字后会马上显示出 Hit 分数和 Blow 分数。但在反复输入数字的过程中，很难推断出哪个数字是猜中了，哪个数字是猜错了。

因此，为了更方便有效地玩游戏，在本章的最后将会在文本框的右侧尝试显示曾经输入的数字的历史记录（图 6-1-2）。

在历史记录中，"H"表示 Hit 分数，"B"表示 Blow 分数。这样，通过显示"输入数字、Hit 分数和 Blow 分数"的历史记录，让用户能更容易推理思考，从外观上也更像是游戏。

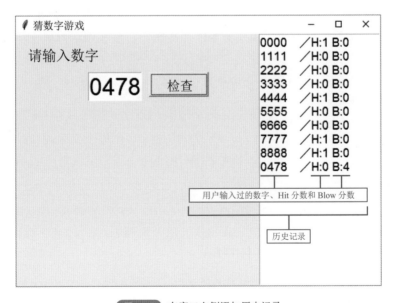

图6-1-2 在窗口右侧添加历史记录

Lesson 6-2

显示窗口要使用GUI工具包

用Python试着显示窗口

首先,让我们学习如何用 Python 显示窗口。然后学习调整窗口的尺寸和标题。

猜数字游戏的界面设计结束了呢~

接下来,我们将学习使用 GUI 工具包来显示窗口的方法。

哦,哦,GUI 是图形用户界面。

显示窗口

GUI 工具包是包括窗口、输入文本框和按钮等,用在图形界面上操作的组件的一个集合。

GUI 工具包有好几个,由于 Python 标准自带一个名为"tkinter"的 GUI 工具包,在本书中就使用它。

MEMO //
另一个有名的GUI工具包是"wxPython"。

MEMO //
想在Mac系统中使用"tkinter",就必须预先安装第2章中所说明的"Tcl/Tk"软件(请参见【P25】)。

使用 tkinter 显示窗口的最简单程序是 example06-02-01.py。在 IDLE 窗口中新建一个文件并编辑它。

List　example06-02-01.py

```
1   # coding:utf-8
2   import tkinter as tk
3
4   root = tk.Tk() ──────────── 创建窗口
5   root.mainloop() ──────────── 显示窗口
```

要使用 tkinter，必须先导入 tkinter。

```
import tkinter as tk
```

设置 "as tk" 从句，是为了以后可以省略地表示 tkinter。所谓 as，就是 "使用指定的别称" 的意思。在此例中就使用 "tk" 来表示 "tkinter"（详细情况请参见以下的知识栏）。

知识栏　○　○　○　○　○　○　○　○　○　○

"as" 的含义

在想表示别称的时候使用 "as" 从句。由于这次的导入语句是：

```
import tkinter as tk
```

所以在后面的代码中，就可以写成：

```
root = tk.Tk()
```

如果没有使用 as 从句，而是如下这样导入的，

```
import tkinter
```

那么使用模块时就必须用全名。

```
root = tkinter.Tk()
```

也就是说，as 从句是指定 "可以使用别称" 的语句。当然，别称不一定非要是 "tk"，也可以写成：

```
import tkinter as t
```

那么，使用模块时就用更简短的别称 "t"。

```
root = t.Tk()
```

---

tkinter 使用名为对象（object）的机制来操作窗口。关于对象会在第 7 章做详细地说明，简而言之对象就是指组件。

对象有称作"方法（method）"的函数，通过运行方法可以进行各种窗口操作。为了进行窗口操作，首先必须创建窗口的对象。也就是第 4 行的语句。

格式 创建窗口

```
root = tk.TK()
```

此语句将创建一个对象，并将该对象赋值给变量 root。换句话说，可以通过 root 变量执行各种窗口操作。

为了显示创建的窗口，需要执行 mainloop 方法。

格式 显示窗口

```
root.mainloop()
```

运行上述语句，将如图 6-2-1 所示，显示出一个窗口。

MEMO //

变量名是任意定义的。例如，用"r = tk.Tk()"语句把对象赋值给变量 r 后，就能执行"r.mainloop()"语句。

图6-2-1 运行结果

可能会有点难懂，但这两行语句是用 tkinter 显示窗口的常用语句。

```
root = tk.Tk()
root.mainloop()
```

该处理流程如图 6-2-2 所示。也就是说，tkinter 创建了一个窗口，变量 root 指向了该窗口。

向窗口发送命令

```
root.想执行的窗口操作 ()
```

利用上面的书写格式，通过 root 变量指定"想执行的窗口操作"来向窗口发出命令。

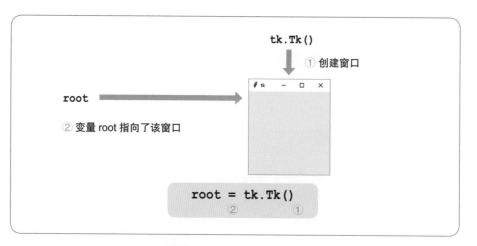

图6-2-2 使用 tkinter 创建窗口的流程

试着更改窗口尺寸

使用 geometry 方法更改窗口的尺寸。将 geometry 方法的参数设置为字符串"宽 × 高"。比如想更改为"400×150（像素）"时，写成如下形式：

格式 **使用 geometry 方法的示例**

```
root.geometry("400×150")
```

这里需要注意的是，使用的不是全角的"×"字符，而是半角的"×"字符。在前一个程序中添加此语句，并将其另存为 example06-02-02.py 文件，则窗口尺寸将变为宽度 400、高度 150（图 6-2-3）。

List **example06-02-02.py**

```
1  # coding:utf-8
2  import tkinter as tk
3
4  root = tk.Tk()
5  root.geometry("400×150")          ← 添加的内容
6  root.mainloop()
```

图6-2-3　窗口尺寸更改为 400×150

试着更改窗口标题

　　接下来，尝试更改窗口的标题。更改标题需要 title 方法。例如写成 ".title(" 猜数字游戏 ")"，窗口标题就会变成 "猜数字游戏"（图 6-2-4）。在前一个程序中添加此语句，再另存为 example06-02-03.py 文件并运行。

格式　使用 title 方法的示例

```
root.title(" 猜数字游戏 ")
```

List　example06-02-03.py

```
1   # coding:utf-8
2   import tkinter as tk
3
4   root = tk.Tk()
5   root.geometry("400×150")
6   root.title(" 猜数字游戏 ")————添加的内容
7   root.mainloop()
```

图6-2-4　窗口标题更改为 "猜数字游戏"

Lesson 6-3 为游戏玩家放置标签和输入框

放置提示信息和文本输入框

接下来，在游戏窗口中显示提示用的字符串"请输入数字"，再追加一个用户可以输入 4 位数字的输入框。

> 学习如何在窗口的任意位置处显示和输入字符。

显示信息

首先，在窗口中显示"请输入数字"的提示信息。

这类信息称为标签（label）。如下所示，标签是通过 Label 方法创建的。我们将创建的标签赋值给变量"label1"。另外，如前所述将 tkinter 省略为 tk。

格式 使用 Label 方法的示例

```
label1 = tk.Label(root, text=" 请输入数字 ")
```

括号中指定的第一个参数"root"是显示标签的窗口对象。第二个参数"text="""是要显示的信息内容。

MEMO //

Label 方法也可以指定字体等其他参数，此处省略不述。

创建标签后，将其放置在窗口中。放置方法有几种，比较容易理解的是下面的 place 方法。

格式 使用 place 方法的示例

```
label1.place(x = 20, y = 20)
```

place 方法需要在括号中以"(x=x 坐标 , y=y 坐标)"的形式来指定位置坐标。在此示例中，放置在 x 坐标为 20，y 坐标为 20 的位置处。如果将这两行添加到前Lesson 的程序中，将其另存为 example06-03-01.py 并运行，运行结果如图 6-3-1 所示。

另外，Python 的 tkinter 中，窗口的显示区域（又称客户端区域）的左上角的坐标是"(0,0)"，是向右下延伸的坐标系（图 6-3-2）。

List example06-03-01.py

```
1    # coding:utf-8
2    import tkinter as tk
3
4    root = tk.Tk()
5    root.geometry("400×150")
6    root.title(" 猜数字游戏 ")
7
8    label1 = tk.Label(root, text=" 请输入数字 ")
9    label1.place(x = 20, y = 20)
10
11   root.mainloop()
```

添加的内容

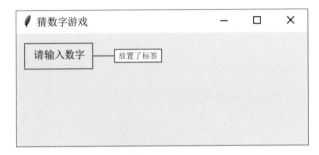

图6-3-1 刚放置完标签时

图6-3-2 Python 坐标系

放置文本输入框

同样地，尝试在窗口中放置文本输入框。

文本的输入框在 tkinter 中称为 "输入框（Entry）"。如下所示，使用 Entry 方法创建输入框，即可进行文本的输入。

格式 使用 Entry 方法的示例

```
editbox1 = tk.Entry(width = 4)
```

括号中指定的"（width = 4）"是该输入框的宽度。由于这次只需输入 4 位数字，所以有 4 个字宽的输入框即可，因而指定了"（width=4）"。在这里，将生成的输入框赋值给"editbox1"变量。

MEMO //

Entry 方法也可以指定字体等其他参数，此处省略不述。

创建后，使用 place 方法设定在窗口中的放置位置。这与放置标签是一样的。

```
editbox1.place(x = 120, y = 20)
```

在前一个程序中添加上述两行语句，另存为 example06-03-02.py 并运行。放置的输入框如图 6-3-3 所示。

List example06-03-02.py

```
1  # coding:utf-8
2  import tkinter as tk
3
4  root = tk.Tk()
5  root.geometry("400×150")
6  root.title(" 猜数字游戏 ")
7
8  label1 = tk.Label(root, text=" 请输入数字 ")
9  label1.place(x = 20, y = 20)
10
11 editbox1 = tk.Entry(width = 4) ——┐
12 editbox1.place(x = 120, y = 20) ——┘  添加的内容
13
14 root.mainloop()
```

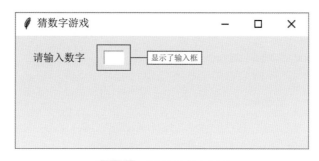

图6-3-3 刚放置完输入框时

改变字体和大小

可以看出图 6-3-3 的输入框因为字体太小造成窗口比例很不美观。我们来改变一下字体和大小吧。在调用 Label 方法的最后添加上参数 "font=(" 字体名称 ", 字号)"。例如：

```
label1 = tk.Label(root, text=" 请输入数字 ", font=("Helvetica", 14))
```

此例中指定字体为 "Helvetica"，字号为 "14 磅"。

> **MEMO**
> 磅是长度单位，1 磅约为 0.35 毫米。在窗口中能实际显示成多大取决于环境。

通常可以指定的字体有以下三种。

- Times（类似于明朝体）
- Helvetica（类似于哥特体）
- Courier（类似于等宽打字机的字体）

除此以外，还可以指定已经安装在计算机里的字体，如 "MS 哥特式" 等（请参阅【获取可用字体一览表→ P159】）。

> **MEMO**
> 字体名称是区分大小写、全角和半角、空格有无等。书写时请留意。

在这里，我们将文本输入框做了如下的改变。

```
editbox1 = tk.Entry(width = 4, font=("Helvetica", 28))
```

改变了字体大小后，如果位置不变的话，两个对象就会重叠显示。所以也需要调整 place 方法中的 X 坐标和 Y 坐标。

具体而言，就是修改语句并另存为 example06-03-03.py，则运行结果将如图 6-3-4 所示。

List example06-03-03.py

```
1   # coding:utf-8
2   import tkinter as tk
3
4   root = tk.Tk()
5   root.geometry("400×150")
6   root.title(" 猜数字游戏 ")
7
```

```
8    label1 = tk.Label(root, text=" 请输入数字 ", font=("Helvetica",
     14))
9    label1.place(x = 20, y = 20)
10
11   editbox1 = tk.Entry(width = 4, font=("Helvetica", 28))
12   editbox1.place(x = 120, y = 60)
13
14   root.mainloop()
```

更改的内容

更改的内容

| 猜数字游戏 | — ☐ ✕ |

请输入数字

图6-3-4 刚改完字号和输入框坐标时

通过模块能使用很多功能呢。

好像游戏的界面，玩游戏的意愿大大提高了呢。

知识栏 ◯ ◯ ◯ ◯ ◯ ◯ ◯ ◯ ◯ ◯

获取可用字体一览表

想要获取可用字体一览表，例如可以通过运行如下的程序。

List example06-03-04.py

```
1    import tkinter as tk
2    for f in tk.Tk().call("font","families"):
3        print(f)
```

Lesson 6-4

好好利用函数

单击按钮显示信息

为了检查输入的数字，我们要在窗口中放置按钮。此外，单击按钮也可以显示信息。

按钮也是同样地放置吗？

是的。但是在单击按钮时你想做些什么的话，就必须要编写函数。

把你想做的事情整理成函数呢。

放置按钮

放置按钮的方式与放置标签、输入框的方式是相同的。

使用 Button 方法编写出如下的程序。括号中的参数"root"是按钮所在的窗口对象，"text ="是显示在按钮上的文字，即按钮名称。在"font"以后的参数中，字体设为"Helvetica"，字号设为 14 磅。创建出的按钮赋值给"button1"变量。

格式　使用 Button 方法的示例

```
button1 = tk.Button(root, text = "检查", font=("Helvetica", 14))
```

创建完按钮后，使用 place 方法将其放置在指定的坐标处。在这里，设定了 x 坐标为 220，y 坐标为 60。如果将这两行添加到前 Lesson 制作的程序中，另存为 example06-04-01.py 文件并运行，能看到按钮显示在文本输入框的右侧，如图 6-4-1 所示。

```
button1.place(x = 220, y = 60)
```

List example06-04-01.py

```
1   # coding:utf-8
2   import tkinter as tk
3
4   root = tk.Tk()
5   root.geometry("400×150")
6   root.title("猜数字游戏")
7
8   label1 = tk.Label(root, text="请输入数字", font=("Helvetica", 14))
9   label1.place(x = 20, y = 20)
10
11  editbox1 = tk.Entry(width = 4, font=("Helvetica", 28))
12  editbox1.place(x = 120, y = 60)
13
14  button1 = tk.Button(root, text = "检查", font=("Helvetica", 14))
15  button1.place(x = 220, y = 60)
16
17  root.mainloop()
```

更改的内容

放置了按钮

图6-4-1 刚放置完按钮时

关联单击按钮时要运行的函数

如上所示放置好按钮，但单击按钮却什么都不会发生。

为了在单击按钮时运行某个程序，须将其运行内容作为函数事先编写好，并将函数关联到单击按钮事件上。

1. 写一个函数，让它在单击按钮时运行

首先，制作单击按钮时运行的函数（请参阅【函数的制作方法→ P100】）。如下所示制作一个名为 ButtonClick 的函数。

```
def ButtonClick()
    …编写想要做的处理…
```

2. 单击按钮时，把需运行的函数关联起来

然后，将上步制作的函数设定为单击按钮时运行。为此，在创建按钮的 Button 方法中添加"command= 函数名"的参数。也就是说，如果你想运行 ButtonClick 函数的话，请写成如下形式：

```
button1 = tk.Button(root, text = "检查", font=("Helvetica", 14),
    command=ButtonClick)    写上想运行的函数名
```

于是，如图 6-4-2 所示，把单击按钮和运行"ButtonClick"函数这两件事情关联起来。

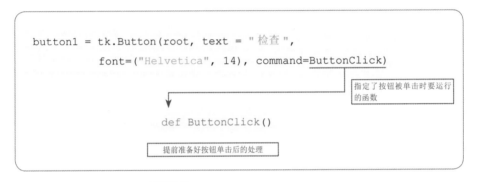

图6-4-2　指定单击按钮时要运行的函数

如图所示，能实现"把单击按钮和预先制作的函数关联起来以便运行它"。即把"操作"和"要运行的程序"进行关联的编程方法称为"事件驱动（event-driven）"。

所谓"事件"是指"动作""现象"，表示"发生了什么现象"。这里的"单击"是代表性的事件之一。其他的有"双击""单击右键""键盘输入""鼠标移动"和"经过一定时间"等各种事件。

试着显示信息

上面设定成：当单击按钮时，将运行 ButtonClick 函数。

```
def ButtonClick()
    …编写想要的处理…
```

ButtonClick 函数里可以进行任何处理，我们就试着在窗口中显示信息吧。

显示信息需要使用 tkinter 中名为 messagebox 软件包中的函数。首先如下所示，导入 "tkinter.messagebox"。由于 "messagebox" 名称太长，我们用 as 从句起个别称 "tmsg"。当然，别称可以起任意名称。

```
import tkinter.messagebox as tmsg
```

"tkinter" 的 "messagebox" 软件包中有表 6-4-1 所列的函数，可以用各种方法来显示信息。现在，我想使用 showinfo 函数来显示信息。

MEMO ///
showinfo，showwarning 和 showerror 函数之间的差异是窗口中显示出的图标不一样。

表6-4-1　tkinter.messagebox 的函数

函数	含义
showinfo	显示信息
showwarning	显示警告信息
showerror	显示错误信息
askquestion	显示带有文本框的问题信息，可以输入字符
askokcancel	显示带有[确定]和[取消]两个按钮的问题信息
askyesno	显示带有[是]和[否]两个按钮的问题信息
askretrycancel	显示带有[重试]和[取消]两个按钮的信息

showinfo 函数的格式如下：

格式　showinfo 函数

```
tmsg.showinfo("标题", "想显示的信息")
```

因此，ButtonClick 函数就编写成如下：

```
def ButtonClick():
    tmsg.showinfo("测试", "按钮被单击喽！")
```

将此函数添加到前一个程序中，并另存为 example06-04-02.py。实际运行后，当你单击按钮时，就会看到弹出一个标题为"测试"的窗口，其窗口中显示了信息"按钮被单击喽！"（图 6-4-3）。

List example06-04-02.py

```
1   # coding:utf-8
2   import tkinter as tk
3   import tkinter.messagebox as tmsg ——— 导入 messagebox 软件包
4
5   # 单击按钮时的处理
6   def ButtonClick():
7       tmsg.showinfo(" 测试 ", " 按钮被单击喽！")
8
9   # 主程序
10  root = tk.Tk()
11  root.geometry("400×150")
12  root.title(" 猜数字游戏 ")
13
14  label1 = tk.Label(root, text=" 请输入数字 ", font=("Helvetica",
    14))
15  label1.place(x = 20, y = 20)
16
17  editbox1 = tk.Entry(width = 4, font=("Helvetica", 28))
18  editbox1.place(x = 120, y = 60)
19
20  button1 = tk.Button(root, text = " 检查 ", font=("Helvetica",
    14), command=ButtonClick)
21  button1.place(x = 220, y = 60)
22
23  root.mainloop()
```

按钮单击时显示信息

为了单击时能运行函数，在此处指定关联

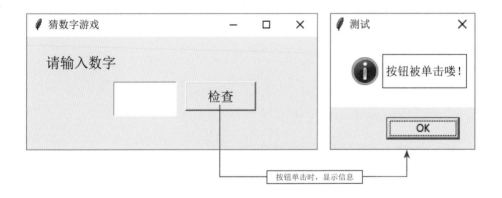

按钮单击时，显示信息

图6-4-3 单击时显示的信息

将程序移植为Windows版

添加Hit和Blow的判定

到本 Lesson 为止将结束对窗口操作的讲解。我们将第 5 章中所编写的 Hit & Blow 处理复制到 Windows 版的程序中。

终于要开始 Windows 版的移植了!

直接复制还是不够的,需要做一些调整。

获取输入的文本

首先必须要知道的是,如何获取在窗口中放置的文本输入框中输入的文本。可以使用 get 方法来获取。目前为止的程序中,将文本输入框赋值给了 "editbox1" 变量。

```
editbox1 = tk.Entry(width = 4, font=("Helvetica", 28))
editbox1.place(x = 120, y = 60)
```

因此,如下所示对 editbox1 使用 get 方法,就可以获取输入框中输入的文本。

格式　get 方法

```
editbox1.get()
```

让我们实际测试一下。将前面制作的 example06-04-02.py 中的 ButtonClick 函数更改成以下内容,并将其另存为 example06-05-01.py。

```
def ButtonClick():
    # 取得文本输入框输入的字符串
    b = editbox1.get()
    # 显示信息
    tmsg.showinfo("输入的文本", b)
```

运行此程序并单击 [检查] 按钮时，标题为"输入的文本"窗口中应该显示出输入文本框中输入的文本（图 6-5-1）。

图6-5-1 显示文本输入框中输入的内容

List example06-05-01.py

```python
1   # coding:utf-8
2   import tkinter as tk
3   import tkinter.messagebox as tmsg
4
5   # 单击按钮时的处理
6   def ButtonClick():
7       # 取得文本输入框输入的字符串
8       b = editbox1.get()
9       # 显示信息
10      tmsg.showinfo(" 输入的文本 ", b)
11
12  # 主程序
13  # 创建窗口
14  root = tk.Tk()
15  root.geometry("400×150")
16  root.title(" 猜数字游戏 ")
17
18  # 创建标签
19  label1 = tk.Label(root, text=" 请输入数字 ", font=("Helvetica", 14))
20  label1.place(x = 20, y = 20)
21
22  # 创建文本输入框
23  editbox1 = tk.Entry(width = 4, font=("Helvetica", 28))
24  editbox1.place(x = 120, y = 60)
25
26  # 创建按钮
27  button1 = tk.Button(root, text = " 检查 ", font=("Helvetica",
    14), command=ButtonClick)
28  button1.place(x = 220, y = 60)
29
30  # 显示窗口
31  root.mainloop()
```

更改的内容

为了容易理解追加了注释

添加Hit和Blow的判定

实现了以上的功能，就只剩下复制 Lesson 5-5 的 example05-05-01.py（请参阅
【→ P144】）中的 Hit 和 Blow 判定处理了。在函数处理中，有如下"将用户输入
的值赋值给变量 b"的逻辑。

```
def ButtonClick():
    # 获取在文本输入框里输入的字符串
    b = editbox1.get()
```

而在 Lesson 5-5 的 example05-05-01.py 中，也是将输入的值赋值给变量 b,

```
while True :
    b = input("请输入数字 >")
```

所以把 Hit 和 Blow 判定处理直接复制和粘贴就可以（图 6-5-2）。

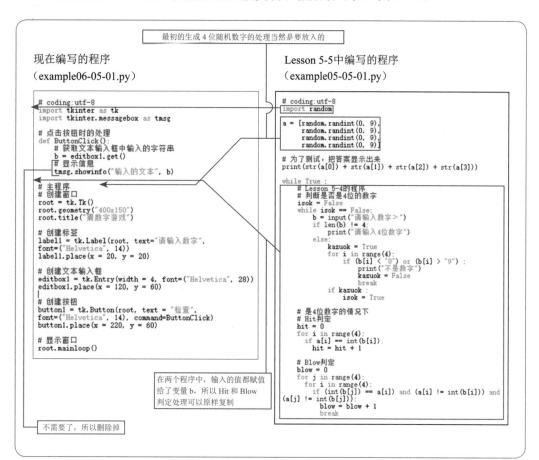

图6-5-2 按钮被单击时追加 Hit 和 Blow 判定

在程序开头加入"生成 4 位随机数"等处理，再加上"猜中数字后结束程序"等细小的调整，整个程序就变成了 example06-05-02.py。实际运行该程序，开始游戏试试能否猜中吧。

List example06-05-02.py

```python
1  # coding:utf-8
2  import random                              ← 复制的部分
3  import tkinter as tk
4  import tkinter.messagebox as tmsg
5
6  # 单击按钮时的处理
7  def ButtonClick():
8      # 获取文本输入框中输入的字符串
9      b = editbox1.get()                     ← 调整复制的部分
10
11     # 借鉴 Lesson 5-4 的程序中的判定部分
12     # 判断是否是 4 位的数字
13     isok = False
14     if len(b) != 4:
15         tmsg.showerror("错误", "请输入 4 位数字")
16     else:
17         kazuok = True
18         for i in range(4):
19             if (b[i] <"0") or (b[i] > "9") :
20                 tmsg.showerror("错误", "不是数字")
21                 kazuok = False
22                 break
23         if kazuok :
24             isok = True
25
26     if isok :
27         # 是 4 位数字的情况下
28         # Hit 判定
29         hit = 0
30         for i in range(4):
31           if a[i] == int(b[i]):
32             hit = hit + 1
33
34         # Blow 判定
35         blow = 0
36         for j in range(4):
37           for i in range(4):
38             if (int(b[j]) == a[i]) and (a[i] != int(b[i])) and
   (a[j] != int(b[j])):
39                 blow = blow + 1
40                 break
41
42         # Hit 分数为 4，则猜中数字就结束
43         if hit == 4:
44             tmsg.showinfo("猜中", "恭喜! 猜中了")
```

```
45              # 结束
46              root.destroy()
47          else:
48              # 显示 Hit 分数和 Blow 分数
49              tmsg.showinfo("HIT", "Hit " + str(hit) + "/" +
    "Blow " + str(blow))
50
51  # 主程序
52  # 首先生成随机的 4 个数字
53  a = [random.randint(0, 9),
54      random.randint(0, 9),
55      random.randint(0, 9),
56      random.randint(0, 9)]
57
58  # 创建窗口
59  root = tk.Tk()
60  root.geometry("400×150")
61  root.title("猜数字游戏")
62
63  # 创建标签
64  label1 = tk.Label(root, text="请输入数字", font=("Helvetica", 14))
65  label1.place(x = 20, y = 20)
66
67  # 创建文本输入框
68  editbox1 = tk.Entry(width = 4, font=("Helvetica", 28))
69  editbox1.place(x = 120, y = 60)
70
71  # 创建按钮
72  button1 = tk.Button(root, text = "检查", font=("Helvetica", 14),
    command=ButtonClick)
73  button1.place(x = 220, y = 60)
74
75  # 显示窗口
76  root.mainloop()
```

对窗口进行调整的部分（参见下述解说）

复制的部分（追加了注释）

关闭窗口的操作

上述程序从第 42 行开始是猜中所有数字，结束游戏的处理。当 4 个数字都猜中时，需要做如下处理。

```
# Hit 分数为 4，则猜中数字就结束
if hit == 4:
    tmsg.showinfo("猜中", "恭喜！猜中了")
    # 结束
    root.destroy() ——— 结束程序
```

像这样执行 destroy 方法，窗口就会被销毁，从而结束程序。

为了让游戏更好玩

显示历史记录

制作的游戏虽然已经能玩了。但是都只用信息框显示当次是否猜中,很难记清楚过去都输入了哪些数字?其中哪位是 Hit?哪位是 Blow?作为游戏,这是一款非常难玩,界面不友好的游戏。

为了解决这个问题,需要在窗口中显示过去的输入历史记录。

按照最初的设计,接下来要添加历史记录显示了。

希望能帮助玩家更快地猜中数字。

改良成更容易玩的游戏吧!

添加显示历史记录的文本框

历史记录显示需要使用文本框这个控件。但是,现在的窗口中已经没有足够的空间来放置文本框了。因此,首先要增大窗口的尺寸。

在刚才制作的 example06-05-02.py 中,"# 创建窗口"的注释后面有如下的语句:

```
root.geometry("400×150")
```

其中"400×150"就是窗口的尺寸,把它变成"600×400"。

```
root.geometry("600×400")
```

然后在扩大的窗口中,创建并放置文本框。创建文本框要使用 Text 方法。在其参数中指定"放置它的窗口对象"和"字体"。这里字号指定成 14 磅。

最后将创建的文本框赋值给"rirekibox"变量。

格式　**使用 Text 方法的示例**

```
rirekibox = tk.Text(root, font=("Helvetica", 14))
```

MEMO ///

　　Text 方法也可以指定颜色、边距、折返宽度等其他参数，此处省略不述。

　　文本框创建后，在 example06-05-01.py 的注释"# 创建窗口"开始的命令群下添加"# 创建历史记录显示的文本框"的注释和创建文本框的语句。

　　并且，与标签、输入框、按钮等一样，使用 place 方法放置文本框在 (400,0)的位置，指定其宽度为 200，高度为 400。

```
rirekibox.place(x=400, y=0, width=200, height=400)
                                宽度          高度
```

　　修正后的程序是 example06-06-01.py（完整版），其中第 14 行，第 17 ～ 19 行是上面讲解的部分。运行结果如图 6-6-1 所示，放置了文本框。

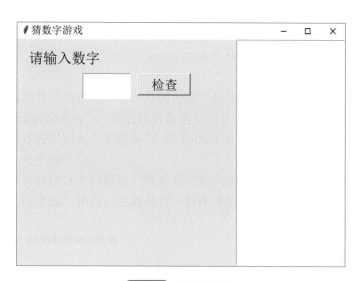

图6-6-1　放置了文本框

显示历史记录

最后，Hit & Blow 的判定结果不是通过信息框，而是在文本框中作为历史记录保存并显示出来。

目前的程序中，"# 显示 Hit 分数和 Blow 分数" 注释之后是显示判定结果的语句：

```
tmsg.showinfo("HIT", "Hit " + str(hit) + "/" + "Blow " +
str(blow))
```

该语句还是用对话框来显示判定结果，所以要修改。

在文本框中添加字符时，使用 insert 方法。第一个参数指定成 "tk.END" 时，就可以插入到文本的最后。因此更改成如下形式。

```
rirekibox.insert(tk.END, b + "  / H:" + str(hit) + " B:" +
str(blow) + "\n")
```

前面的程序被完全更改了

MEMO //

由于 tkinter 是用 "import tkinter as tk" 语句导入的，起的别名叫 "tk"，所以写成 "tk.END"。如果是用其他名称导入的话，就需要变成 "指定的那个名称.END"

这里用 "H:" 来表示 Hit 分数，用 "B:" 来表示 Blow 分数。实际运行时，会如图 6-6-2 所示显示历史记录。

到这里，程序的编写就全部完成了。

那么，将这一章改写的程序总结到 example06-06-01.py（完整版）。改写 example06-05-01.py 的各位可千万别忘了换个文件名再保存哦。

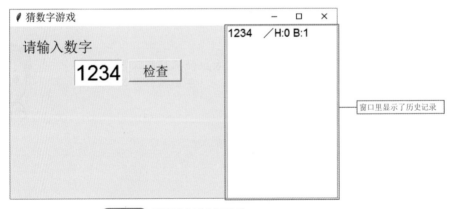

窗口里显示了历史记录

图6-6-2 刚显示出历史记录时

```
1    # coding:utf-8
2    import random
3    import tkinter as tk
4    import tkinter.messagebox as tmsg
5
6    # 单击按钮时的处理
7    def ButtonClick():
8        # 获取文本输入框中输入的字符串
9        b = editbox1.get()
10
11        # 借鉴 Lesson 5-4 的程序中的判定部分
12        # 判断是否是 4 位的数字
13        isok = False
14        if len(b) != 4:
15            tmsg.showerror(" 错误 ", " 请输入 4 位数字 ")
16        else:
17            kazuok = True
18            for i in range(4):
19                if (b[i] <"0") or (b[i] > "9") :
20                    tmsg.showerror(" 错误 ", " 不是数字 ")
21                    kazuok = False
22                    break
23            if kazuok :
24                isok = True
25
26        if isok :
27            # 是 4 位数字的情况下
28            # Hit 判定
29            hit = 0
30            for i in range(4):
31              if a[i] == int(b[i]):
32                hit = hit + 1
33
34            # Blow 判定
35            blow = 0
36            for j in range(4):
37              for i in range(4):
38                if (int(b[j]) == a[i]) and (a[i] != int(b[i])) and
     (a[j] != int(b[j])):
39                    blow = blow + 1
40                    break
41
42            # Hit 分数为 4，则猜中数字就结束
43            if hit == 4:
44                tmsg.showinfo(" 猜中 ", " 恭喜！猜中了 ")
45                # 结束
46                root.destroy()
```

```
47          else:
48              # 显示 Hit 分数和 Blow 分数                    ┌──────────┐
                                                              │ 显示历史记录 │
                                                              └──────────┘
49                  rirekibox.insert(tk.END, b + "   / H:" + str(hit) +
    " B:" + str(blow) + "\n")
50
51  # 主程序
52  # 首先生成随机的 4 个数字
53  a = [random.randint(0, 9),
54       random.randint(0, 9),
55       random.randint(0, 9),
56       random.randint(0, 9)]
57
58  # 创建窗口
59  root = tk.Tk()
60  root.geometry("600×400") ───┐ ┌──────────┐
                                 │ │ 改变窗口尺寸 │
                                 └─┤          │
                                   └──────────┘
61  root.title(" 猜数字游戏 ")
62
63  # 创建历史记录显示的文本框          ┌──────────────────┐
                                        │ 添加显示历史记录的部分 │
                                        └──────────────────┘
64  rirekibox = tk.Text(root, font=("Helvetica", 14))
65  rirekibox.place(x=400, y=0, width=200, height=400)
66
67  # 创建标签
68  label1 = tk.Label(root, text=" 请输入数字 ", font=("Helvetica", 14))
69  label1.place(x = 20, y = 20)
70
71  # 创建文本输入框
72  editbox1 = tk.Entry(width = 4, font=("Helvetica", 28))
73  editbox1.place(x = 120, y = 60)
74
75  # 创建按钮
76  button1 = tk.Button(root, text = " 检查 ", font=("Helvetica", 14),
    command=ButtonClick)
77  button1.place(x = 220, y = 60)
78
79  # 显示窗口
80  root.mainloop()
```

Chapter 7

类和对象

在最近的编程中，会经常使用"类"和
"对象"的编程技法。使用此技术，可以将
程序制作成组件，便于多次使用。在本章中
将通过编写让圆在窗口中移动的程序，来学
习类和对象的基本知识。

由于类和对象的概念有些难度，如果你现在
觉得理解困难的话，请先跳过本章，继续第
8章的学习。等慢慢习惯，掌握了编程后，再
回来踏踏实实地阅读本章。

Lesson
7-1

为了学习类和对象

编写一个圆移动的程序

在本章中,将通过编写一个"在窗口中让圆移动"的程序来学习"类"和"对象"的概念。

使用对象来编程,移动多个圆,改变图案的形状都会变得非常简单。

▍在单击处绘制圆

最初在鼠标单击处绘制圆,就像绘制圆的运动轨迹似的(图7-1-1)。然后通过抹去先前绘制的圆,改成不显示轨迹而像是圆会移动到单击位置处的效果。

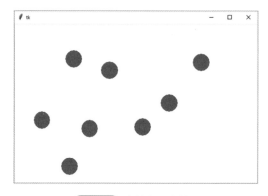

图7-1-1　在单击处绘制圆

▍让圆移动起来

接下来,我们将编写一个让圆自动移动的程序。

要做到这一点,首先让圆向右移动起来。然后当圆碰到窗口的边框时,将其改为反向移动。最后让圆不仅在左右方向上,而且能在斜的方向上移动(图7-1-2)。

让很多的圆动起来

此外，增加圆的数量并让它们同时动起来。为了达到这个目的，使用列表来管理复数个圆（图 7-1-3）。

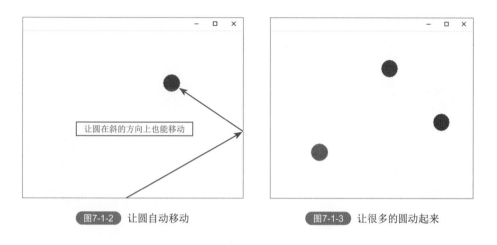

图7-1-2　让圆自动移动

图7-1-3　让很多的圆动起来

改写程序，绘制出四边形和三角形

最后，改写程序绘制出圆形之外的四边形和三角形（图 7-1-4）。为此，我们将采用称为 Python 的类或对象的编程方法。

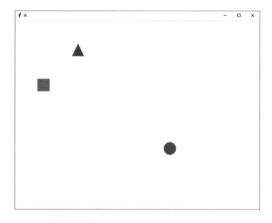

图7-1-4　让四边形和三角形也动起来

学习Canvas组件的使用方法

在窗口中绘制圆

首先，我们将演示如何在窗口中绘制圆形。在 tkinter 中，放置"画布（Canvas）"并在其上绘制所需的图形。

在窗口中能画出圆形等图案呢。

使用 Canvas 组件，可以绘制出各种颜色的圆形，四边形，三角形等。

连颜色都可以选自己喜欢的，真是太有趣了。

试着绘制圆形

绘制圆形的程序 example07-02-01.py。运行结果如图 7-2-1 所示，背景色为白色的窗口中央有一个用黑色线画的圆圈。

List　example07-02-01.py

```
1   # coding:utf-8
2   import tkinter as tk
3
4   # 创建窗口
5   root = tk.Tk()
6   root.geometry("600×400")
7
8   # 放置画布
9   canvas =tk.Canvas(root, width =600, height =400, bg="white")
10  canvas.place(x = 0, y = 0)
11
12  # 绘制圆形
13  canvas.create_oval(300 - 20, 200 - 20, 300 + 20, 200 + 20)
14
15  root.mainloop()
```

与窗口同样的宽和高

背景是白色

放置在与窗口重叠的位置上

20 是半径

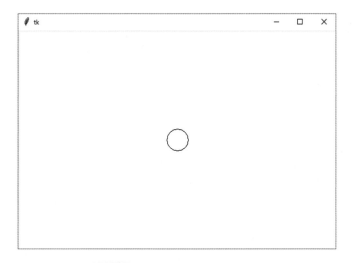

图7-2-1 在窗口中央绘制圆形的示例

创建画布

首先，创建一个窗口。窗口的创建方法请参阅【Lesson 6-2】。窗口尺寸是 600×400 像素，创建的窗口赋值给 root 变量。

```
root = tk.Tk()
root.geometry("600×400")
```

接着将画布叠加在此窗口上。画布是用于绘制图形和图像的。

第一步是运行 Canvas 方法，创建一个画布。画布的尺寸跟窗口一样大小，并且将创建的画布赋值给 canvas 变量（这个变量名是作者随意起的，可以是任意的名称）。

最后参数中指定的"bg"是背景色，这里设定为"white"（白色）。

```
canvas =tk.Canvas(root, width =600, height =400, bg="white")
```

第二步是画布创建后，运行 place 方法把它放置在窗口的左上角（坐标为(0,0)）。

```
canvas.place(x = 0, y = 0)
```

程序写到这里，就用尺寸相同的画布覆盖在窗口上面（图 7-2-2）。

绘制圆形

使用 Canvas 组件的各种方法能够绘制图形和图像（表 7-2-1）。

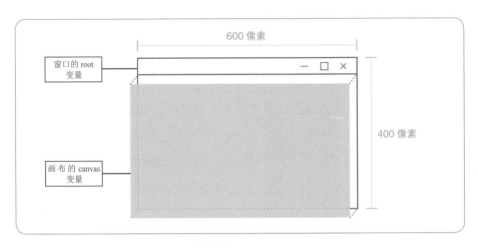

图7-2-2 窗口的状态

表7-2-1 Canvas 组件里的用于绘制的方法

方法	含义
create_arc(x1, y1, x2, y2, 可选)	绘制弧形，弦或扇形
create_bitmap(x, y, 可选)	绘制bitmap格式图片
create_image(x, y, 可选)	绘制图像
create_line(x1, y1, x2, y2, 可选)	绘制直线
create_oval(x1, y1, x2, y2, 可选)	绘制椭圆形或圆形
create_polygon(x1, y1, x2, y2,…, 可选)	绘制多边形
create_rectangle(x1, y1, x2, y2, 可选）	绘制四边形
create_text(x, y, 可选)	绘制文本

使用 create_oval 方法绘制圆形。该方法最少需要指定 4 个参数。

MEMO //

就如下文所说明的，指定 4 个以上的参数可以设定填充颜色、轮廓线的颜色等。

前两个是左上角的坐标，后两个是右下角的坐标。执行该方法将绘制一个在指定的圆外矩形中的椭圆形或圆形。example07-02-01.py 中的以下语句将绘制一个"中心在 (300,200) 并且半径为 20"的圆形，如图 7-2-3 所示。

```
canvas.create_oval(300 - 20, 200 - 20, 300 + 20, 200 + 20)
```

由于 Canvas 方法中指定了"width=600, height=400"，即画布具有 600 像素宽

和 400 像素高，所以圆形将会绘制在画布的中心（也是窗口的中心，因为如图 7-2-2 所示，画布与窗口的绘制区域是完全重叠的）。

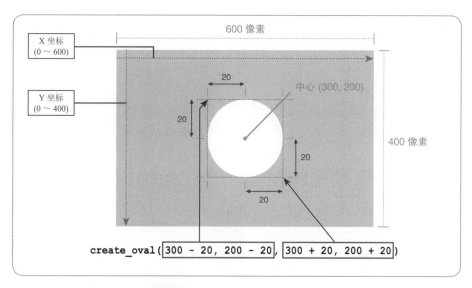

图7-2-3 使用 create_oval 方法绘制圆形

试着改变圆的颜色

表 7-2-1 中所列的方法（包括 create_oval 方法）都缺省使用"黑色的线"和"无填充"来绘制图形。所以想要涂抹颜色或改变线的粗细时，请指定 width、outline、fill 等可选项。相反，如果不想绘制轮廓线则将 width 设置为 0；如果不想填充颜色则将 fill 设置为 None。

- width：线的粗细
- outline：轮廓线的颜色
- fill：填充的颜色

可以用字符串，如"red""blue"或"green"等来指定基本的颜色。

我们试着指定"无轮廓线（width 为 0）"和"填充红色（fill 为"red"）"来绘制红色的圆。编写的语句如下所示：

```
canvas.create_oval(300 - 20, 200 - 20, 300 + 20, 200 + 20,
fill="red",width=0)
```

更改的内容

知识栏 ○ ○ ○ ○ ○ ○ ○ ○ ○ ○

可指定的颜色

可指定的颜色一览表登载在下面的网站。不区分大小写字母。

▶ http://www.tcl.tk/man/tcl8.4/TkCmd/colors.htm

除此之外，"红""绿""蓝"三原色的颜色浓度也可以用"#RRGGBB"来表示（RR=红色的浓度，GG= 绿色的浓度，BB= 蓝色的浓度）。每种都可以指定成"00"～"FF"的十六进制颜色码（图 7-2-4）。

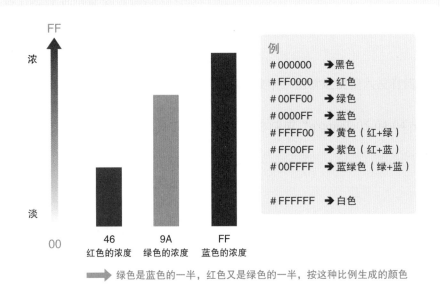

例	
# 000000	➡黑色
#FF0000	➡红色
# 00FF00	➡绿色
# 0000FF	➡蓝色
# FFFF00	➡黄色（红+绿）
# FF00FF	➡紫色（红+蓝）
# 00FFFF	➡蓝绿色（绿+蓝）
# FFFFFF	➡白色

46 红色的浓度　9A 绿色的浓度　FF 蓝色的浓度

➡ 绿色是蓝色的一半，红色又是绿色的一半，按这种比例生成的颜色

图7-2-4 颜色浓度用"#RRGGBB"指定

Lesson

7-3

抹消后再在新的位置上绘制出来

移动圆到单击位置

接下来，当单击画布时，我们试着实现让圆移动到单击处。

画布也跟按钮一样，有单击操作呢。

使用函数来处理，这点和按钮是完全相同的。

在单击处绘制

在【Lesson 6-4】中，使用"事件（event）"来描述单击按钮时的操作。同样，描述单击画布时的操作也可以使用事件。但是，使用的方法与按钮时的方法略有不同。

使用 bind 方法来关联要执行的函数

处理按钮时，用"command="来指定关联的函数名称。比如在 Lesson 6-4，为了单击按钮时执行 ButtonClick 函数，使用了以下语句：

```
button1 = tk.Button(root, text = "检查", font=("Helvetica", 14),
command=ButtonClick)
```

单击按钮时要执行的函数

而对于画布，使用 bind 方法把"事件名称"和"想执行的函数"关联起来。

格式 **bind 方法**

canvas.bind(事件名称 , 函数名)

之所以这样使用 bind 方法，是因为画布除了单击事件外，还有如双击等其他事件。

事件名称由"辅助键""事件""种类"三部分，用中横线连接,整体用"<"和">"括起来表示（图 7-3-1）。

图7-3-1 事件名称的写法

　　所谓"辅助键"就是 Shift 键，Ctrl 键，Alt 键等，需要一起按下的键。不使用的时候（不用同时按下上述辅助键）则可以省略。所谓"事件"是指事件的类型（表 7-3-1），"种类"是指按钮或键的类型。"单击事件"就用"<Button-1>"字符串来表示，意味着"鼠标的第一个按钮（左按钮）被按下（单击）的时候"。

表7-3-1 事件类型

事件	含义
Button或ButtonPress	鼠标按钮被按下。"种类"处设定的值为：1是左按钮、2是右按钮、3是中间按钮
ButtonRelease	鼠标按钮被放开。"种类"的设定如上
Key或KeyPress	键盘的键被按下。"种类"处设定的值为键的号码
KeyRelease	键盘的键被放开。"种类"的设定如上
Enter	鼠标的光标进入到领域内
Leave	鼠标的光标离开了领域
Motion	鼠标的光标在领域内移动

诸如坐标之类的信息作为参数传递给事件函数

例如，鼠标的左按钮按下时想执行名为"click"的函数，则应使用如下语句：

```
canvas.bind("<Button-1>", click)
```

这样就会在按钮按下时执行 click 函数（图 7-3-2）。

MEMO //

　　"click"是作者随意起的函数名。它可以是任意名称。

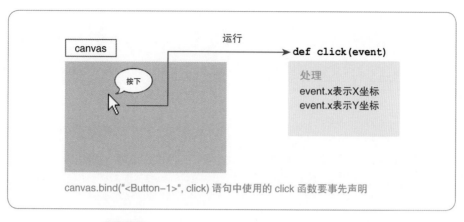

图7-3-2 为了按下时执行 click 函数，该函数需事先声明

事件发生时的信息作为参数传递进 click 函数中。

```
def click(event):
    …按钮按下时的处理内容写在这里…
```

如上所示，写成了由参数"event"来接收。

MEMO //

"event"变量名是作者随意取的名称。可以替换成其他的"e""evt"
"a""abc"等名称。如果函数定义为"def click(e):"，则 X 坐标要由"e.x"，
Y 坐标要由"e.y"来获取。

event 变量中是画布被单击时传递进来的信息。具体来说：

● "event.x"是单击位置的 X 坐标
● "event.y"是单击位置的 Y 坐标

坐标用以上的形式表示。使用 create_oval 方法，以此坐标为圆心画圆，就会
在单击处绘制出一个圆。

```
canvas.create_oval(event.x - 20, event.y - 20, event.x + 20,
event.y + 20,  fill="red", width=0)
```

到目前为止说明的内容总结到程序 example07-03-01.py 中。该程序运行起来，
就会在你单击的各个位置上绘制出圆来（图 7-3-3）。

List example07-03-01.py

```
1   # coding:utf-8
2   import tkinter as tk
3
4   def click(event):
5       # 当单击时，在单击处绘制
6       canvas.create_oval(event.x - 20, event.y - 20, event.x +
    20, event.y + 20,  fill="red", width=0)
7
8   # 创建窗口
9   root = tk.Tk()
10  root.geometry("600×400")
11
12  # 放置画布
13  canvas =tk.Canvas(root, width =600, height =400, bg="white")
14  canvas.place(x = 0, y = 0)
15
16  # 设定事件
17  canvas.bind("<Button-1>", click)
18
19  root.mainloop()
```

单击位置的 X 坐标

单击位置的 Y 坐标

指定单击时执行 click 函数

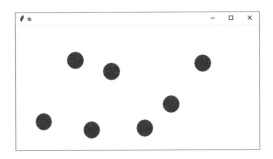

图7-3-3　程序 example07-03-01.py 的运行结果

移动到单击处

　　接下来，我们不要像这样随着单击出现的圆越来越多，而是要改变动作，让圆"移动到单击的位置上"。

　　为此，在绘制圆的时候，需要"抹去上次画的圆"。想让"圆消失"比较困难，但可以编写程序让圆"看起来像是消失了似的"。做法有很多种，但"使用 fill="white" 和 width=0 的设定，在上次绘制的位置上再绘制出一个没有轮廓线的白色圆"的方法是最简单的。由于画布的背景是白色的,看起来就像圆消失了似的。

实际上，程序 example07-03-02.py 就实现了这个功能。运行此程序，则不会显示运行轨迹，而是会让圆移动到单击处。

提前保存绘制圆的位置

要想清除掉圆，必须提前保存"上次绘制圆的位置"。因此，我们将"上次的绘制位置"保存在变量 x 和 y 中。

第一个坐标可以是任何值，我们假设它是画布的中心（300,200）。

```
# 圆的坐标
x = 300
y = 200
```

在 click 函数里也需要使用这个变量 x 和 y，所以按照【Lesson 4-6】中的说明，把这两个变量声明为全局变量。

```
global x, y
```

在 click 函数中，首先在此坐标上绘制"白色"的圆，则上次绘制的圆就消失了。

```
canvas.create_oval(x - 20, y - 20, x + 20, y + 20, fill="white",
width=0)
```
白色

> **MEMO** //
>
> 第一次运行click函数时，画面上还没有绘制过红色圆，由于x赋值成"300"和y赋值成"200"，所以会在此坐标绘制出白色圆。白色画布上画一个白色圆不会有任何影响。但如果你很在意的话，可以选择"第一次不画白色圆"或"将x或y赋值为超出画布的坐标值（比如负值或大于画布尺寸的坐标）"等做法。

接着，将单击处的坐标（event.x, event.y）分别赋值给变量 x 和 y，在此坐标上绘制一个红色的圆。

```
x = event.x
y = event.y     保存单击处的坐标
canvas.create_oval(x - 20, y - 20, x + 20, y + 20,  fill="red",
width=0)
```
红色

变量 x 和 y 的值已经变为"这次绘制的红色圆的坐标"，因此下次执行 click 函数时，在该坐标上再绘制白色圆就会造成"上次绘制的红色圆消失了"的错觉。

List example07-03-02.py

```
1   # coding:utf-8
2   import tkinter as tk
3
4   # 圆的坐标
5   x = 300
6   y = 200
7
8   def click(event):
9       global x, y
10      # 上次绘制的圆消失
11      canvas.create_oval(x - 20, y - 20, x + 20, y + 20
    , fill="white", width=0)
12      x = event.x
13      y = event.y
14      canvas.create_oval(x - 20, y - 20, x + 20, y + 20
    , fill="red", width=0)
15
16  # 创建窗口
17  root = tk.Tk()
18  root.geometry("600×400")
19
20  # 放置画布
21  canvas =tk.Canvas(root, width =600, height =400, bg="white")
22  canvas.place(x = 0, y = 0)
23
24  # 设定事件
25  canvas.bind("<Button-1>", click)
26
27  root.mainloop()
```

x 和 y 是上次单击处的坐标

用白色填充圆

保存单击处的坐标

用红色填充圆

鼠标单击时运行 click 函数

Lesson
7-4

使用计时器

让圆向右移动

在前一个 Lesson 中,鼠标单击时圆会移动到单击的位置。在本 Lesson 中我们将让圆在不单击的情况下也能自由地向右移动。

> 坐标值如果变大,圆就会向右移动;如果减少,圆就会向左移动。如何用程序来实现呢?

每隔一段时间就偏移一些

"让圆向右移动"似乎很难做到,但能让圆看起来是在逐步向右靠近。那么,如何让圆看起来是在向右靠近呢?答案是"一边一点一点地增加圆的 X 坐标,一边反复绘制和消除圆"。

程序这样运行的话,连续的动作就像是圆在向右移动似的(图 7-4-1)。

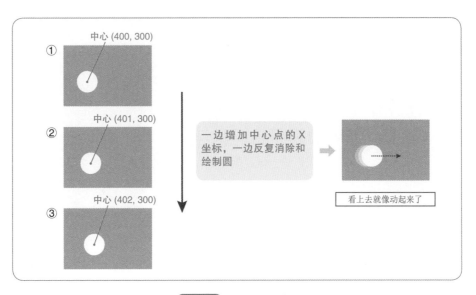

图7-4-1 一点一点地偏移

189

利用tkinter计时器，每隔一段时间就执行一回函数

tkinter 里有计时器功能，允许每经过一段时间后执行指定的函数。通过调用 tkinter 对象的 after 方法来定义计时器。例如，

```
root = tk.Tk()
```

如上所示，让 root 变量指向 tkinter 对象，则可以用下面的语句来描述计时器：

格式 **after 方法**

```
root.after( 时间， 要执行的函数 )
```

时间是以千分之一秒为单位来指定的。这个单位叫作"毫秒"。例如指定 500 的话，则表示 0.5 秒后执行。

如果想出现圆移动的动画效果，需要指定从 10（=0.01 秒）到 30（=0.03 秒）之间的一个非常小的数，然后逐渐改变绘制圆的坐标，使其看起来像是在移动。

MEMO //

> 电视、电影的播放速率是每秒播放24帧或30帧。因此，如果你也想以同样的平滑度移动的话，就应该将其设定为1000÷24≒40左右的值或更低。如果超过该值，则圆移动将看起来一顿一顿的，不顺畅。

使用 after 方法，每隔一段时间改变坐标来移动圆的程序如 example07-04-01.py 所示。

List example07-04-01.py

```
1   # coding:utf-8
2   import tkinter as tk
3
4   # 圆的坐标
5   x = 400
6   y = 300
7
8   def move():
9       global x, y
10      # 上次绘制的圆消失
11      canvas.create_oval(x - 20, y - 20, x + 20, y + 20,
    fill="white", width=0)
12      # 改变 x 坐标
13      x = x + 1 ————————[由于逐渐增加，会向右移动]
14      # 在下一个位置处绘制圆
```

```
15      canvas.create_oval(x - 20, y - 20, x + 20, y + 20,
    fill="red", width=0)
16      # 再次计时
17      root.after(10, move) ─────  为了下次运行，所以再设定
18
19  # 创建窗口
20  root = tk.Tk()
21  root.geometry("600×400")
22
23  # 放置画布
24  canvas =tk.Canvas(root, width =600, height =400, bg="white")
25  canvas.place(x = 0, y = 0)
26
27  # 设定计时器
28  root.after(10, move) ─────  设定成 0.01 秒后运行 move 函数
29
30  root.mainloop()
```

example07-04-01.py 中使用 after 方法设定 0.01 秒（=10 毫秒）后运行 move 函数。

```
root.after(10, move)
```

move 函数中首先消除当前位置上显示出的圆。这与前 Lesson 中说明的单击时移动圆的过程是相同的。

```
# 消除现在的圆形
canvas.create_oval(x - 20, y - 20, x + 20, y + 20, fill="white",
width=0)
```

然后，增加 X 坐标，再在此位置上绘制一个圆。

```
# 改变 X 坐标
x = x + 1
# 在下一个位置上绘制圆形
canvas.create_oval(x - 20, y - 20, x + 20, y + 20, fill="red",
width=0)
```

由于 after 方法只能"一次"奏效，程序里如果只写了上面的语句就不会再次调用 move 函数。因此，需要再次使用 after 方法来执行 move 函数。

```
# 再次计时
root.after(10, move)
```

运行结果如图 7-4-2 所示，圆在慢慢地向右移动。

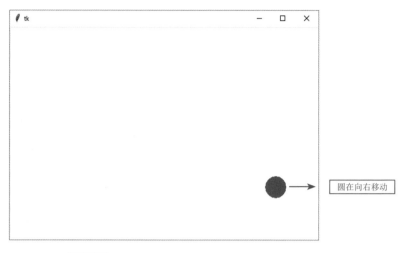

圆在向右移动

图7-4-2 example07-04-01.py 的运行结果

知识栏 ○ ○ ○ ○ ○ ○ ○ ○ ○ ○

更快地移动圆

1. 加快计时器的设定间隔

第一种方法是减小传递给 after 方法的时间间隔的值。

现在的设定值为"10",但如果将其设定为"5"的话,则 move 函数将每隔 0.005 秒运行一次,圆就会以双倍速度移动。

```
root.after(5, move)
```

2. 扩大坐标的移动量

另一种方法是扩大 X 坐标的移动量。现在的移动量是:

```
# 改变 X 坐标
x = x + 1
```

如果能如下所示地每回增加 2 的话,圆也会以双倍速度移动。

```
x = x + 2
```

Lesson
7-5

确定窗口的边框

试着往返移动

上一个 Lesson 的程序让圆向右移动。当它到达画布的边界后也不会停止，而是继续向右直到完全消失。因此，在本 Lesson 中，我们将改善程序，让圆触碰到画布的边界后会折返移动，进行往返运动。

> 制作一个当图形触碰到画布边界时就折返的程序吧！

碰到画布的边界时，反转移动量

为了达到目的，加权是比较简单的方法。只需比较圆的 X 坐标和画布最左端、最右端的 X 坐标，如果超过就设定折返操作。

折返位置就确定在最左端（=X 坐标为 0）和最右端（=X 坐标为画布的宽）这两个点上。由于移动的是圆，所以在判断坐标时考虑上圆的半径当然更好。但我们为了简单，决定用"圆心"来做判定（也就是说，圆有一半超出画布时才会折返）（图 7-5-1）。

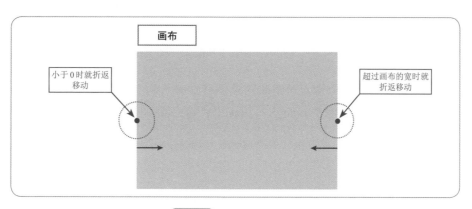

图7-5-1 圆心不会超出画布

移动量定义为变量

到达窗口边框后，圆就折返移动的程序就是 example07-05-01.py。

List　example07-05-01.py

```python
1   # coding:utf-8
2   import tkinter as tk
3
4   # 圆的坐标和半径
5   x = 400
6   y = 300
7   # 移动量
8   dx = 1 ———————— 初始值设成1，向右移动
9
10  def move():
11      global x, y, dx
12      # 消除现在的圆形
13      canvas.create_oval(x - 20, y - 20, x + 20, y + 20,
    fill="white", width=0)
14      # 改变 X 坐标
15      x = x + dx ——————— dx 不是 1，就是 -1
16      # 在下一个位置上绘制圆形
17      canvas.create_oval(x - 20, y - 20, x + 20, y + 20,
    fill="red", width=0)
18      # 超过边界就反向移动
19      if x >= canvas.winfo_width():
20          dx = -1 ———————— 向左移动
21      if x <= 0:
22          dx = +1 ———————— 向右移动
23      # 再次计时
24      root.after(10, move)
25
26  # 创建窗口
27  root = tk.Tk()
28  root.geometry("600×400")
29
30  # 放置画布
31  canvas =tk.Canvas(root, width =600, height =400, bg="white")
32  canvas.place(x = 0, y = 0)
33
34  # 设定计时器
35  root.after(10, move)        设定成 0.01 秒后运行 move 函数
36
37  root.mainloop()
```

在【Lesson 7-4】制作的圆向右移动的程序中，通过下面的语句让 X 坐标加"1"。

```
x = x + 1
```

为了向左移动，就必须反过来减少 X 坐标。因此，在上一程序中声明了 dx 变量，赋值成"移动量"。

```
# 移动量
dx = 1
```

并且在 move 函数中，如下所示地调整 X 坐标。

```
x = x + dx
```

最初由于 dx 的初始值为"1"，因此 X 坐标增加 1，也就是向右移动。

MEMO //

这里将变量命名为"dx"，其实也可以是其他名称。"dx"中的"d"是"delta（增量符号 Δ）"的意思，在需要保存微小差异时这是经常使用的变量名称。

到达画布边界处反转移动量

当圆移动到画布边界时，反转其移动量（变量 dx 的值）。在窗口的最右侧和最左侧都有折返的位置。

1. 右端的折返

在右侧时，检查圆的 X 坐标是否超出画布的宽度。可以通过 winfo_width 方法来获取画布的宽度。具体来说：

```
if x >= canvas.winfo_width():  ——— 画布的宽度
    dx = -1
```

MEMO //

在此程序中画布的宽度定义为 600，因此不使用 winfo_width 方法而是写成"x >= 600"也能起到同样的作用。但是使用该方法来获取的话，则稍后即使更改了画布的尺寸也不需要修改 if 条件。因此就像本例这样，在程序中最好不要使用固定值，而是利用方法来获取当时的实际值。

当移动到画布的最右端就设定 dx 为"-1"。因为圆移动处理中有以下的语句，X 坐标加上一个负数就会减少（＝圆向左移动＝掉转移动方向）。

```
x = x + dx
```

2. 左端的折返

同样地，在最左侧时检查圆的 X 坐标如下所示：

```
if x <= 0:
    dx = +1
```

由于画布最左侧的 X 坐标为 0，因此用条件"x <= 0"进行比较。

移动到最左侧就设定 dx 为"+1"。X 坐标加上正数"+1",X 坐标逐渐变大（＝圆向右移动＝掉转移动方向）。

> **MEMO** //
>
> 在这里为了便于理解是正数，所以将"dx = 1"写成了"dx = +1"。

根据上面的处理内容来看，圆到达最右端时移动量从"+1"变为"-1"，到达最左端时移动量从"-1"变为"+1"，所以圆就能左右往返移动了。

Lesson 7-6

不仅在X坐标方向，在Y坐标方向上也移动

试着斜向移动

在上一个 Lesson 的程序中，圆已经能够左右往返移动了。现在，我们在 X 坐标变动的同时也变动 Y 坐标，这样编写出来的程序会让圆看起来像是斜向移动。

圆只能左右移动，很无趣啊。

改变 Y 坐标就能斜向移动了。

关于斜向移动

为了斜向移动圆，就需编写一个让圆在 X 坐标方向和 Y 坐标方向上同时进行移动的程序（图 7-6-1）。

在【Lesson 7-5】编写的程序中，只有变量 dx 保存了 X 坐标上的移动量，所以能够左右移动。同样地，为了在 Y 坐标方向上移动，即上下移动，加入变量 dy 来保存 Y 坐标上的移动量。如果把 Y 坐标上的处理也添加到上一个 Lesson 的程序里，就能在 X 坐标方向（左右）和 Y 坐标方向（上下）同时移动，就像是斜向（45 度）移动了。

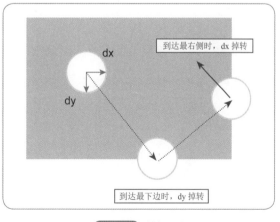

图7-6-1 斜向移动

当然，还需要添加当圆移动到画布高度时的处理。也就是说，需判定两处：最上边（＝ Y 坐标为 0）和最下边（＝ Y 坐标为画布高度），并实现移动掉转。

同时改变X坐标和Y坐标

程序 example07-06-01.py 能让圆斜向移动，碰上画布的上下左右边界时会折返移动。首先，我们添加 dy 变量，用它来保存 Y 坐标的移动量。

```
# 移动量
dx = 1
dy = 1 ———— Y 的移动量初始为 1，也就是向下移动
```

接着，在 move 函数中改变 Y 坐标，给它增加 dy 的数量。

```
# 也改变 Y 坐标
y = y + dy
```

最后添加 Y 坐标到达画布的上边界（＝ Y 坐标为 0）和下边界（＝ Y 坐标为画布的高度）时的判断逻辑。当圆到达上述位置时，将变量 dy 的值设定成相反的正负值，则圆就会向相反的方向移动。

画布的高度可以用 winfo_height 方法获取。在 Lesson 7-5 中对于 X 坐标的考虑方法也同样适用于 Y 坐标。

```
# 也同样地判断 Y 坐标
if y >= canvas.winfo_height(): ———— 超过最下端的时候
    dy = -1 ———— 向上移动
if y <= 0: ———— 超过最上端的时候
    dy = +1 ———— 向下移动
```

添加了这些 Y 坐标的处理，圆就可以同时在 X 坐标方向和 Y 坐标方向上移动。由于圆斜向移动，并在窗口的上下左右边界内折返移动，就如同在窗口中滚动一样（图 7-6-2）。

List　example07-06-01.py

```
1   # coding:utf-8
2   import tkinter as tk
3
4   # 圆的坐标和半径
5   x = 400
6   y = 300
7   # 移动量
8   dx = 1
9   dy = 1
10
11  def move():
12      global x, y, dx, dy
```

```
13        # 上次绘制的圆消失
14        canvas.create_oval(x - 20, y - 20, x + 20, y + 20,
    fill="white", width=0)
15        # 改变 X 坐标
16        x = x + dx
17        # 也改变 Y 坐标
18        y = y + dy
19        # 在下一个位置上绘制圆形
20        canvas.create_oval(x - 20, y - 20, x + 20, y + 20,
    fill="red", width=0)
21        # 超过边界就反向移动
22        if x >= canvas.winfo_width():
23            dx = -1
24        if x <= 0:
25            dx = +1
26        # 也同样地判断 Y 坐标
27        if y >= canvas.winfo_height():
28            dy = -1
29        if y <= 0:
30            dy = +1
31        # 再次计时
32        root.after(10, move)
33
34    # 创建窗口
35    root = tk.Tk()
36    root.geometry("600×400")
37
38    # 放置画布
39    canvas =tk.Canvas(root, width =600, height =400, bg="white")
40    canvas.place(x = 0, y = 0)
41
42    # 设定计时器
43    root.after(10, move)
44
45    root.mainloop()
```

行22 超过最右端的时候
行23 向左移动
行24 超过最左端的时候
行25 向右移动
行27 超过最下端的时候
行28 向上移动
行29 超过最上端的时候
行30 向下移动

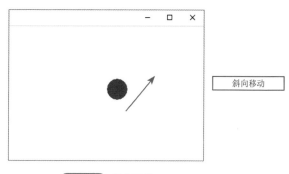

斜向移动

图7-6-2 斜向移动

Lesson 7-7 不改变移动方式而增加圆的数量

试着移动很多的圆

到目前为止，已经能绘制一个圆了。这次挑战绘制很多的圆。想要控制这么多的圆，就需要用到列表进行循环处理了。

让很多的圆同时斜向移动，感觉会很有趣呢。

使用列表和循环处理，很容易做到这些哦。

使用字典和列表来管理

为了操控很多的圆，就必须全面地管理每一个圆的信息数据。根据到目前为止的编程经验，一个圆的信息至少需要 4 个变量：

- x ············ 表示 X 坐标
- y ············ 表示 Y 坐标
- dx ·········· 表示 X 坐标上的移动量
- dy ··········· 表示 Y 坐标上的移动量

比如要控制三个圆的话，就需要如下这么多变量。

- 第一个圆 ············ x, y, dx, dy
- 第二个圆 ············ x2, y2, dx2, dy2
- 第三个圆 ············ x3, y3, dx3, dy3

如果再增加圆的数量，就需要再增加相应的变量数。这么大量的变量管理起来非常困难，需要我们从以下两个方面下点功夫。

汇总数值的字典

第一个想法是"将一个圆的相关数据都汇总起来"。为此我们使用 Python 的"字典（Dictionary）"功能来实现它。所谓字典就是一种存放"具有映射关系的键与值"

的数据结构，使用方法如下所示。其中 ball 是任意起的变量名。

```
ball = {"x" : 400, "y" : 300, "dx" : 1, "dy" : 1}
```

像这样的定义就在名为 ball 的变量里集中保存了"x""y""dx"和"dy"的值（图 7-7-1）。想获取 X 坐标就写成：

```
ball["x"]
```

同样，想获取 Y 坐标就写成：

```
ball["y"]
```

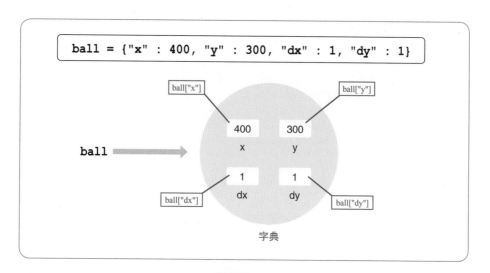

图7-7-1 字典

通过下面的格式来设定字典。

格式 字典

变量名 = { 键名 : 值 , 键名 : 值 , … }

对于每个键名都可以通过以下形式来获取其值。

变量名 [" 键名 "]

字典的使用方法如上所示，它就比较容易把关联的数据汇总到一起。

使用列表便于处理多个数据

另一个想法是"把所有的圆集中到一起"。如果你使用字典，那么处理三个圆就需写成如下形式：

```
ball = {"x" : 400, "y" : 300, "dx" : 1, "dy" : 1}
ball2 = {"x" : 200, "y" : 100, "dx" : -1, "dy" : 1}
ball3 = {"x" : 100, "y" : 200, "dx" : 1, "dy" : -1}
```

这样用三个变量名来管理还是不太理想。因为当你想绘制三个圆时，就必须写三行语句。

```
canvas.create_oval(ball ["x"] - 20, ball["y"] - 20, ball["x"] +
20, ball ["y"] + 20, "red", width=0)
canvas.create_oval(ball2["x"] - 20, ball2["y"] - 20, ball2["x"] +
20, ball2["y"] + 20, "red", width=0)
canvas.create_oval(ball3["x"] - 20, ball3["y"] - 20, ball3["x"] +
20, ball3["y"] + 20, "red", width=0)
```

处理 10 个圆就必须写 10 行，处理 100 个圆就必须写 100 行。

绘制图形的程序能否写得再短小精焊一些呢？采用列表是一个有效的解决方案。就像【Lesson 5-3】中说明的那样，在列表中使用中括号"[]"括起多个数值。例如，使用列表可以如下所示地设定三个圆。

```
balls = [
    {"x" : 400, "y" : 300, "dx" : 1, "dy" : 1},
    {"x" : 200, "y" : 100, "dx" : -1, "dy" : 1},
    {"x" : 100, "y" : 200, "dx" : 1, "dy" : -1}
]
```

通过下面的语句能获取第一个圆的 X 坐标和 Y 坐标。

```
balls[0]["x"]
```

```
balls[0]["y"]
```

同理，也可以获取第二个圆的坐标（图 7-7-2）。

```
balls[1]["x"]
```

```
balls[1]["y"]
```

因此，绘制第一个圆可以写成：

```
canvas.create_oval(balls[0]["x"] - 20, balls[0]["y"] - 20,
balls[0]["x"] + 20, balls[0]["y"] + 20, "red", width=0)
```

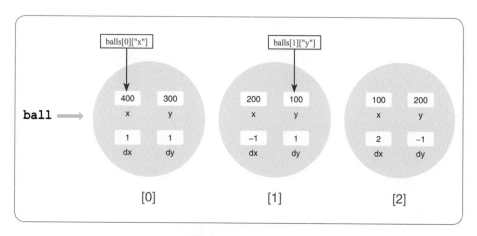

图7-7-2 使用字典和列表后

这种写法看上去与使用三个变量 ball、ball2 和 ball3 时没有什么大不同，唯一不同之处在于可以循环。如果想绘制三个圆，只需通过循环语句一个个地绘制出来。程序能如此之短小。

```
for b in balls:
    canvas.create_oval(b["x"] - 20, b["y"] - 20, b["x"] + 20, b["y"]
+ 20, "red", width=0)
```

用循环来移动很多的圆

实际上，example07-07-01.py 是能让三个圆动起来的程序。更夸张的是在此程序中还尝试用字典来指定"颜色"。example07-07-01.py 里要绘制的圆的定义如下所示，其中 color 是指填充色。

```
balls = [
    {"x" : 400, "y" : 300, "dx" : 1, "dy" : 1, "color":"red"},
    {"x" : 200, "y" : 100, "dx" : -1, "dy" : 1, "color":"green"},
    {"x" : 100, "y" : 200, "dx" : 1, "dy" : -1, "color": "blue"}
]
```
颜色

在 move 函数中，通过 for 循环语句，利用 balls 变量的全部要素让所有的圆都移动起来。

```
for b in balls:
    …对每个圆的处理…
```

绘制圆的语句中，由于 fill 参数的值是"b["color"]"，所以会用字典中指定的"color"值为填充色来绘制圆。

```
canvas.create_oval(b["x"] - 20, b["y"] - 20, b["x"] + 20, b["y"] +
20, fill=b["color"], width=0)
```

实际运行的结果如图 7-7-3 所示。

List example07-07-01.py

```
1   # coding:utf-8
2   import tkinter as tk
3
4   # 用列表来定义圆
5   balls = [
6     {"x" : 400, "y" : 300, "dx" : 1, "dy" : 1, "color":"red"},
7     {"x" : 200, "y" : 100, "dx" : -1, "dy" : 1, "color":"green"},
8     {"x" : 100, "y" : 200, "dx" : 1, "dy" : -1, "color": "blue"}
    ]
```

x坐标	y坐标	X方向的移动	Y方向的移动	颜色

```
9
10  def move():
11      global balls
12      for b in balls:  ──────── 对所有的圆进行循环
13          # 消除现在的圆形
14          canvas.create_oval(b["x"] - 20, b["y"] - 20, b["x"] +
    20, b["y"] + 20,  fill="white", width=0)
15          # 改变 X 坐标
16          b["x"] = b["x"] + b["dx"]
17          # 也改变 Y 坐标
18          b["y"] = b["y"] + b["dy"]
19          # 在下一个位置上绘制圆形
20          canvas.create_oval(b["x"] - 20, b["y"] - 20, b["x"] +
    20, b["y"] + 20,  fill=b["color"], width=0)
21          # 超过边界就反向移动
22          if b["x"] >= canvas.winfo_width():
23              b["dx"] = -1
24          if b["x"] <= 0:
25              b["dx"] = +1
26          # 也同样地判断 Y 坐标
27          if b["y"] >= canvas.winfo_height():
28              b["dy"] = -1
29          if b["y"] <= 0:
30              b["dy"] = +1
31      # 再次计时
32      root.after(10, move)
33
34  # 创建窗口
35  root = tk.Tk()
```

```
36    root.geometry("600×400")
37
38    # 放置画布
39    canvas =tk.Canvas(root, width =600, height =400, bg="white")
40    canvas.place(x = 0, y = 0)
41
42    # 设定计时器
43    root.after(10, move)
44
45    root.mainloop()
```

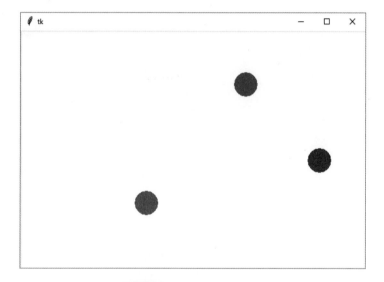

图7-7-3 让三个圆移动的示例

移动更多的圆也很容易

如图 7-7-3 所示，我们移动了三个圆。如果把数据定义改成 5 个，则会显示 5 个圆（图 7-7-4）。

```
balls = [
    {"x" : 400, "y" : 300, "dx" : 1, "dy" : 1, "color":"red"},
    {"x" : 200, "y" : 100, "dx" : -1, "dy" : 1, "color":"green"},
    {"x" : 100, "y" : 200, "dx" : 1, "dy" : -1, "color": "blue"},
    {"x" : 50, "y" : 400, "dx" : -1, "dy" : 1, "color":"purple"},
    {"x" : 400, "y" : 100, "dx" : 1, "dy" : 1, "color": "yellow"}
]
```

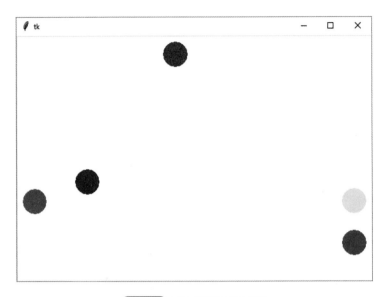

图7-7-4 五个圆刚显示出来时

　　此更改不需要改变如 move 函数等其他部分。只需在列表中更新数据的定义。

　　仅仅通过简单地改变数据定义就能改变圆的数量。这是使用字典和列表进行编程的一大优点。

Lesson
7-8

挑战类和对象

将程序模块化，提供单一功能

在上一个 Lesson 中，我们制作了一个使用字典和列表绘制多个圆的程序。其实为了操控多个圆还有其他的解决方案，那就是使用类和对象的方法。

字典和列表很有用，但制作成的程序稍微有点复杂。

也可以使用类和对象的方法，让我们来记住使用方法吧！

程序模块化，只提供单一功能

在上一个 Lesson 中，使用字典和列表来管理诸如圆的坐标，移动方向和填充色等数据，并通过循环逐个绘制出圆的方法是一种古老的经典做法。

与此相对，最近我们经常采用将程序零件化（组件化），来实现各种各样的操作。

用这次的例子来说，把一个个的"圆"作为零件来处理。每个零件都在内部保存着自身的状态（比如本例就指坐标、移动方向和填充色）。

为了能接受来自外部的各种各样"命令"要预先制作出零件。例如，事先准备好能接受"移动""绘制"或"消除"等命令。

程序通过执行这些命令来控制零件。

这里所说的零件就是"对象"，命令相当于"方法"。

图 7-8-1 表现出"到目前为止制作的程序"和"使用对象的程序"在概念上的差异。

最大的区别在于"在哪里管理数据"。此前制作的程序里用字典和列表集中管理数据，而使用对象的程序里，每个对象都保有自身的数据，为了能向对象发出命令需要编写程序。

【 此前制作的程序 】

·数据

```
balls = [
    {"x" : 400, "y" : 300, "dx" : 1, "dy" : 1, "color":"red"},
    {"x" : 200, "y" : 100, "dx" : -1, "dy" : 1, "color":"green"},
    {"x" : 100, "y" : 200, "dx" : 1, "dy" : -1, "color": "blue"}
]
```

> 数据逐一读入
> 并处理

·程序

```
for b in balls:
    # 消除现在的圆形
    canvas.create_oval(b["x"] - 20, b["y"] - 20, b["x"] + 20, b["y"] + 20,
fill="white", width=0)
    # 改变 X 坐标
    b["x"] = b["x"] + b["dx"]
    # 也改变 Y 坐标
    b["y"] = b["y"] + b["dy"]
    # 在下一个位置上绘制圆形
    canvas.create_oval(b["x"]- 20, b["y"] - 20, b["x"] + 20, b["y"] + 20,
fill=b["color"], width=0)
```

> 执行 canvas.create_oval 方法等、消除并
> 绘制的程序都会在对象侧预先准备好

【 使用对象的程序 】

```
for b in balls:
    # 移动
    b.移动()
```

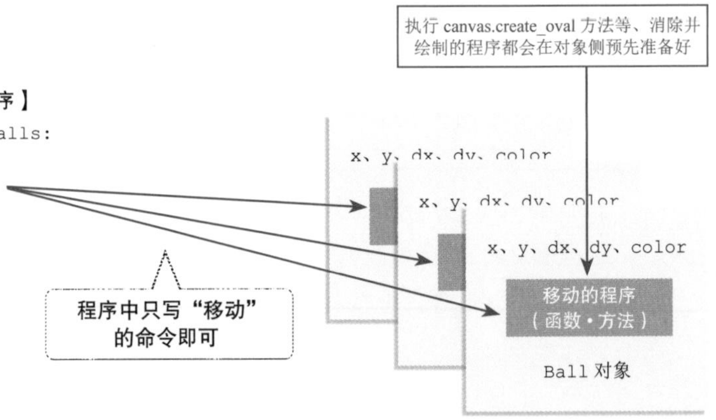

> 程序中只写"移动"
> 的命令即可

x、y、dx、dy、color

x、y、dx、dy、color

x、y、dx、dy、color

移动的程序
（ 函数·方法 ）

Ball 对象

图7-8-1 　对象侧有程序，外部只是给它下命令

从类中创建对象

虽然我想说："那么，实际创建一个对象吧。"，但实际上，对象不是程序员编写的东西。程序员所编写的是"类（class）"，它是对象的基础。

想使用对象，程序员就需要预先将类编写成程序。准备好了类的程序，才能

在想使用对象时，通过 Python 的特定语句（将在后文中说明），从类中创建出对象。这样创建的对象称为实例（instance）。从类中创建出对象的操作称为实例化。

如图 7-8-2 所示，类和对象是一对多的关系。预先准备好类后，基于该类的对象可以随意创建多个。

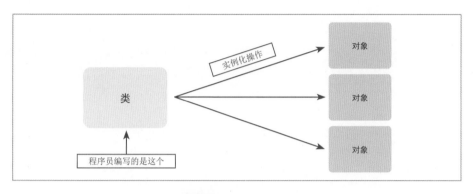

图7-8-2　类和对象的关系

在类中管理数据

关于类和对象的话题比较有难度，所以我们将按顺序逐个进行说明。虽然最终会创建一个移动圆的对象，但现在请暂时忘记"移动"命令，先考虑如何管理圆的坐标、移动量和填充色等数据信息。

创建类

从前一 Lesson 中制作的使用字典和列表的程序示例中可以看出，一个圆有以下五种数据：

> x 坐标、y 坐标、x 移动量、y 移动量、颜色

首先，我们编写一个类，使之在对象内部就可以管理这五种数据。由于类名可以是任意的名称，我们将其命名为"Ball"。Python 中创建类请使用以下格式：

格式　创建类

```
class 类名：
    类的定义内容
```

现在，如下所示，创建一个 Ball 类：

```
class Ball:
  def __init__(self, x, y, dx, dy, color):
    self.x = x
    self.y = y
    self.dx = dx
    self.dy = dy
    self.color = color
```

这里定义的"__init__"是创建对象时最初调用的特殊函数，称为构造函数。
构造函数用于初始化对象，即为对象成员变量赋初值。

从类创建对象

创建了 Ball 类后，则可以如下所示地从该类创建出 Ball 对象，并将其赋值给
变量 b（变量名 b 可以是任意的名称）。

```
b = Ball(400, 300, 1, 1, "red")
```

这时，程序内部会执行构造函数（类中记载的 __init__ 函数），即图 7-8-3 所
示的一系列操作都会被执行。执行结果就是：在 Ball 对象中声明"x""y""dx"
"dy""color"的变量，并将通过参数传入的值赋值给这些变量。由于这些变量位
于对象内部，被称为"实例变量"。

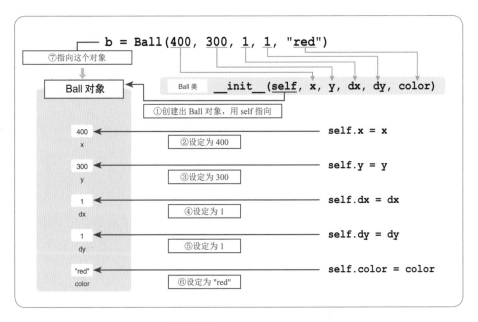

图7-8-3　创建实例时的步骤

指向自身的self

关于"__init__"构造函数再做些详细的说明。它虽然也是用 def 来定义的函数，但是普通函数和在类中定义的函数有一个很大的区别。

那就是第一个参数是"指向对象的特殊变量"。在前面的示例中，__init__ 函数定义如下：

```
def __init__(self, x, y, dx, dy, color):
```

这里的第一个参数"self"就被规定为"指向对象自身"的变量。

以后不论在该类里编写多少个方法，这些方法的第一个参数总是指向对象自身的。

对于以这种方式传递的 self 参数，可以像"self.x"或"self.y"这样，用"."记号连接上任何变量名作为变量使用。这种对象内部的变量称为"实例变量"。

> **MEMO** //
>
> 函数的第一个参数通常被命名为self，但也可以使用self以外的名称。比如可以定义成"def __init__(s, x, y, dx, dy, color)"，但实例变量的写法也随之变成"s.x"和"s.y"。

编写方法

制作"__init__"函数，并在其中给"self.变量名"进行赋值，如图 7-8-3 所示可以将任意数据保存并管理在其对象中。

接下来，我们来编写"方法（method）"，它可以给这个对象提供指令。最终将制作一个名为"圆移动"的方法，但一开始就编写它会比较困难，所以我们先制作一个名为 test 的简单方法。

方法可以说是在类的内部定义的函数。例如可以编写出如下的 test 方法。

```
class Ball:
    def __init__(self, x, y, dx, dy, color):
        self.x = x
        self.y = y
        self.dx = dx
        self.dy = dy
        self.color = color
    def test(self):
        print(self.x)          ┐ test 方法
        print(self.y)          ┘
```

这里编写的 test 方法只是用来显示"self.x"和"self.y"。

```
def test(self):
    print(self.x)
    print(self.y)
```

用下述语句实例化 Ball 对象后，

```
b = Ball(400, 300, 1, 1, "red")
```

就如图 7-8-3 所示，"self.x"应为"400"，"self.y"应为"300"。所以执行以下语句，屏幕上会显示出"400"和"300"。

```
b.test()
```

用图来表示这一系列步骤的话，如图 7-8-4 所示。

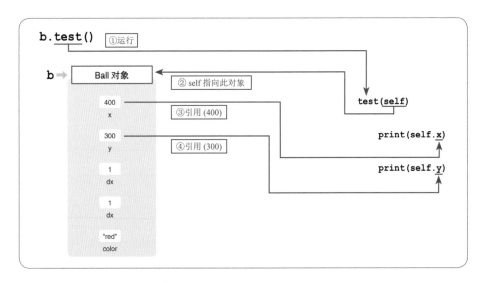

图7-8-4　调用 test 方法时的一系列步骤

编写圆移动的方法

基于上述说明，试着使用类和对象来制作"圆移动"的程序。

首先，编写出的"圆移动"程序就是 example07-07-01.py。移动处理编写在 Ball 类的 move 方法中。

把圆作为对象创建并移动

程序中首先要创建出 Ball 对象，如下所示，并将其赋给变量 b。

```
b = Ball(400, 300, 1, 1, "red")
```

定期地用计时器启动 loop 函数（请参阅【计时器→ P190】）。

```
def loop():
  # 移动
  b.move(canvas)
  # 再次启动
  root.after(10,loop)
```

为了在 0.01 秒（10 毫秒）后启动 loop 函数，如下所示地使用计时器。

```
root.after(10, loop)
```

移动操作

在上述 loop 函数中，像这样执行变量 b 指向的 Ball 对象的 move 方法。

```
b.move(canvas)
```

move 方法的定义如下：

```
def move(self, canvas):
```

我们已经在前面说明过第一个参数指向对象自身。第二个参数是在运行时传递过来的数值（示例中是 canvas，因为是用 b.move(canvas) 语句来运行 move 方法的）。

move 方法首先用白色来绘制圆从而消除掉原来的圆。目标坐标为 "self.x" 和 "self.y"。

```
canvas.create_oval(self.x - 20, self.y - 20, self.x + 20, self.y +
20, fill="white", width=0)
```

绘制完成后，将 X 和 Y 坐标移动到下一个位置。

```
# 移动 X 坐标和 Y 坐标
self.x = self.x + self.dx
self.y = self.y + self.dy
```

此处理后，有到达画布边界时掉转移动方向的处理逻辑。但在此不作说明。

通过向对象发出指令来移动圆

这个程序有点复杂，有点难度，但值得注意的是：

```
b.move()
```

像这种赋值了对象的变量，只需执行对象的 move 方法即可移动圆。

move 方法将执行什么处理都写在类（对象的基础）中，从"使用对象的这一侧"来看，完全是个黑匣子（图 7-8-5）。

换句话说，使用 Ball 对象的一方只知道"如果执行 move 方法，圆就会移动"这一事实，完全不了解"它是如何让圆移动的"。

由于实际的移动处理隐藏在对象内部，所以整个程序变得很流畅，看上去很简单。

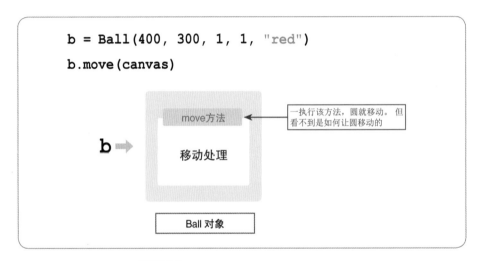

图7-8-5 对象的内部处理不需要使用方了解

List example07-08-01.py

```
1   # coding:utf-8
2   import tkinter as tk
3
4   class Ball:  ——— Ball 类的定义
5       def __init__(self, x, y, dx, dy, color):
6           self.x = x
7           self.y = y
8           self.dx = dx
9           self.dy = dy
10          self.color = color
11
12      def move(self, canvas):  ——— 让圆移动的方法
13          # 消除现在的圆形
```

```
14          canvas.create_oval(self.x - 20, self.y - 20, self.x +
      20, self.y + 20, fill="white", width=0)
15          # 移动 X 坐标和 Y 坐标
16          self.x = self.x + self.dx
17          self.y = self.y + self.dy
18          # 在下一个位置上绘制圆形
19          canvas.create_oval(self.x - 20, self.y - 20, self.x +
      20, self.y + 20, fill=self.color, width=0)
20          # 超过边界就反向移动
21          if self.x >= canvas.winfo_width():
22              self.dx = -1
23          if self.x <= 0:
24              self.dx = 1
25          if self.y >= canvas.winfo_height():
26              self.dy = -1
27          if self.y <= 0:
28              self.dy = 1
29
30  # 创建一个圆
31  b = Ball(400, 300, 1, 1, "red")  ────── 实例化 Ball 对象
32
33  def loop():
34      # 移动
35      b.move(canvas)  ────── 只执行 "移动" 命令
36      # 再次启动
37      root.after(10,loop)
38
39  # 创建窗口
40  root = tk.Tk()
41  root.geometry("800×600")
42
43  # 放置画布
44  canvas =tk.Canvas(root, width =800,height = 600, bg="white")
45  canvas.place(x = 0, y = 0)
46
47  # 设定计时器
48  root.after(10, loop)
49
50  root.mainloop()
```

移动很多的圆

example07-08-01.py 中只移动了一个圆，但想移动多个圆也是非常容易的。
首先，用列表来管理多个 Ball 对象。

```
balls = [
    Ball(400, 300, 1, 1, "red"),
    Ball(200, 100, -1, 1, "green"),          ┐─── 添加两个
    Ball(100, 200, 1, -1, "blue")            ┘
]
```

然后，用 for 循环来处理这些列表。因此移动圆的 loop 函数要做相应的修改。

```
def loop():
    # 移动
    for b in balls:          ──── 从 balls 列表中一个个地取出
        b.move(canvas)       ──── 执行 "移动" 的命令

    # 再次启动
    root.after(10,loop)
```

综上所述，将对象放入列表中管理，就可以绘制出任意数量的圆。而且只需要修改数据定义部分，类等程序部分是不需要修改的。

Chapter 7

类和对象

使用继承，可以很容易地创建类似的类

尝试把圆形、四边形、三角形混合绘制

类和对象的优点是，非常容易只变更一部分的处理内容。在这里，利用这个性质，试着将"四边形"和"三角形"混在一起进行绘制。

利用重写功能，只编写处理不一样的部分。

不同的只是绘制图形部分

此前制作了移动圆形的程序。我们还想将"圆形""四边形"和"三角形"混合在一起进行绘制。

绘制四边形、三角形，其区别仅在于"绘制的形状"不同。X 坐标或 Y 坐标的增减，以及当它到达画布边界时改变方向的处理完全相同。

因此，只改写绘制图形部分，应该可以用同一程序来实现。将处理四边形的类设为 Rectangle，将处理三角形的类设为 Triangle，则它们之间的差异如图 7-9-1 所示。

图7-9-1 圆形、四边形、三角形的处理差异

消除图形和绘制图形用不同的方法来实现

我们稍后会马上说明，类具有以方法为单位改变处理内容的功能。此功能被称为"重写（override）"，它是改进已有的类从而创建新的类的基础。

再次强调，使用这个功能的都是以方法为单位。如图 7-9-1 所示，不同之处只是"消除图形"和"绘制图形"。所以需要把这两处的处理分离出来，做成不同的方法。

那么，此前创建的 Ball 类的 move 方法将变为如图 7-9-2 所示。

```
def move(self, canvas):
    # 消除现在的圆形
    self.erase(canvas)
    # 移动 X 坐标和 Y 坐标
    self.x = self.x + self.dx
    self.y = self.y + self.dy
    # 在下一个位置上绘制圆形
    self.draw(canvas)
    # 超过边界就反向移动
    if (self.x >= canvas.winfo_width()):
        self.dx = -1
    if (self.x <= 0):
        self.dx = 1
    if (self.y >= canvas.winfo_height()):
        self.dy = -1
    if (self.y <= 0):
        self.dy = 1
def erase(self, canvas):        消除圆形的处理
    canvas.create_oval(self.x - 20, self.y - 20, self.x
    + 20, self.y + 20, fill="white", width=0)
def draw(self, canvas):         绘制圆形的处理
    canvas.create_oval(self.x - 20, self.y - 20, self.x
    + 20, self.y + 20, fill=self.color, width=0)
```

move 方法中的处理内容则不论圆形、四边形、三角形都是一样的

对于四边形和三角形，只需改写这两个方法

图7-9-2　将消除处理和绘制处理分成其他的方法

以上将消除处理抽出独立成"erase 方法"，将绘制处理抽出独立成"draw 方法"。

通过继承，创建绘制四边形的类

以改写后的 Ball 类作为基类，再创建出绘制四边形的 Rectangle 类就非常简单。在已有类的基础上，创建出新的类的过程称为"继承"。

格式　派生类的定义

`class 新的类名（基类名）：`

在继承中会经常省略掉同名且处理内容也一样的方法的记载。因此继承了
Ball 类的，绘制四边形的 Rectangle 类就写成：

```
class Rectangle(Ball):
    def erase(self, canvas):        ──── 消除四边形
        canvas.create_rectangle(self.x - 20, self.y - 20, self.x +
20, self.y + 20,  fill="white", width=0)

    def draw(self, canvas):         ──── 绘制四边形
        canvas.create_rectangle(self.x - 20, self.y - 20, self.x +
20, self.y + 20,  fill=self.color, width=0)
```

MEMO //

由于 Rectangle 类是从 Ball 类继承过来的，因此在 Rectangle 类定义
前必须存在 Ball 类的定义。也就是说，如果不是在 Ball 类的定义（"class
Ball"）之后创建 Rectangle 类的话，就会出现错误（请参见本 Lesson 结尾
处的 example07-09-01 ）。

绘制四边形要使用 create_rectangle 方法（请参见【表 7-2-1】）。如上所述，在
Rectangle 类中只需编写处理内容不同的 erase 方法和 draw 方法，其他的都可省略
不写。也就是说，move 方法就使用 Ball 类中的同名方法。

如图 7-9-3 所示，"Ball 类的一部分方法被改写，用新的处理内容覆盖掉了原
来的处理内容"，这应该很容易理解吧。对于类的"重写"，其实就像是这样覆盖
成新的处理内容。

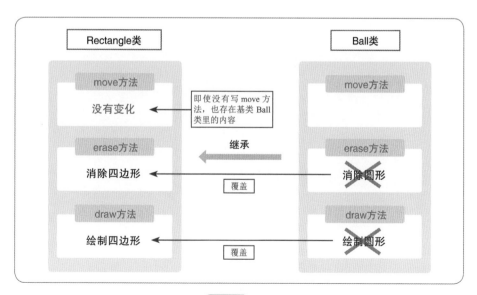

图7-9-3　重写

绘制四边形

现在，当使用创建的 Rectangle 类绘制四边形时，其处理如下所示。

```
b = Rectangle (400, 300, 1, 1, "red")

def loop():
    # 移动
    b.move(canvas)
    # 再次启动
    root.after(10,loop)
```

与绘制圆的 Ball 类不同的只有下面 1 行的内容。

```
b = Rectangle (400, 300, 1, 1, "red")
```

这行说明"使用的是 Rectangle 类而不是 Ball 类"。运行结果如图 7-9-4 所示。

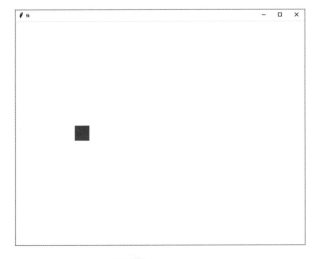

图7-9-4 绘制四边形

通过继承，创建绘制三角形的类

同样地，试着创建绘制三角形的 Triangle 类。

绘制三角形要使用 create_polygon 方法。此方法是绘制多边形的，如果指定三个顶点的坐标就能绘制三角形。

与前面的四边形类相同，只需重写 erase 方法和 draw 方法就能创建它。

```
class Triangle(Ball):
    def erase(self, canvas):    ──── 消除三角形
        canvas.create_polygon(self.x, self.y - 20, self.x + 20,
self.y + 20,  self.x - 20, self.y + 20, fill="white", width=0)

    def draw(self, canvas):    ──── 绘制三角形
        canvas.create_polygon(self.x, self.y - 20, self.x + 20,
self.y + 20,  self.x - 20, self.y + 20, fill=self.color, width=0)
```

绘制三角形

使用此 Triangle 类绘制三角形时，其处理如下所示。

```
b = Triangle(400, 300, 1, 1, "red")

def loop():
    # 移动
    b.move(canvas)
    # 再次启动
    root.after(10,loop)
```

不同的语句只有下面 1 行。

```
b = Triangle(400, 300, 1, 1, "red")
```

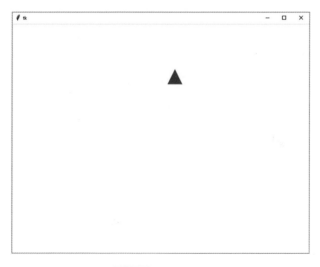

图7-9-5　绘制三角形

混在一起绘制

此前我们已经说明了使用"圆形（Ball）""四边形（Rectangle）"和"三角形（Triangle）"这三个类各自的绘制方法。

那么，如何将它们混在一起绘制呢？请看 example07-09-01.py。

该程序为了"圆形""四边形"和"三角形"一起绘制，首先将它们列在一个列表中，如下所示。

```
balls = [
    Ball(400, 300, 1, 1, "red"),
    Rectangle (200, 100, -1, 1, "green"),
    Triangle(100, 200, 1, -1, "blue")
]
```

然后，通过循环处理来绘制 balls 变量中的各个对象（图 7-9-6）。

```
for b in balls:
    b.move(canvas)
```

此处的要点是：每个类都继承 Ball 类，都有"move 方法"。

由于 move 方法没有被重写，所以在此循环中执行的是 Ball 类的"move 方法"。它与对象是"圆形（Ball 对象）""四边形（Rectangle 对象）"还是"三角形（Triangle 对象）"完全没有关系。不管是哪种对象，只要执行 move 方法就能做同样的循环处理。

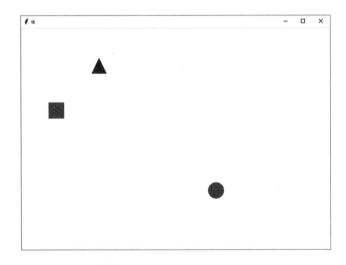

图7-9-6　绘制圆形、四边形、三角形

```
1   # coding:utf-8
2   import tkinter as tk
3   class Ball:              绘制圆形的类
4       def __init__(self, x, y, dx, dy, color):
5           self.x = x
6           self.y = y
7           self.dx = dx
8           self.dy = dy
9           self.color = color
10
11      def move(self, canvas):
12          # 消除现在的圆形
13          self.erase(canvas)
14          # 移动 X 坐标和 Y 坐标
15          self.x = self.x + self.dx
16          self.y = self.y + self.dy
17          # 在下一个位置上绘制圆形
18          self.draw(canvas)
19          # 超过边界就反向移动
20          if (self.x >= canvas.winfo_width()):
21              self.dx = -1
22          if (self.x <= 0):
23              self.dx = 1
24          if (self.y >= canvas.winfo_height()):
25              self.dy = -1
26          if (self.y <= 0):
27              self.dy = 1
28
29      def erase(self, canvas):
30          canvas.create_oval(self.x - 20, self.y - 20, self.x +
    20, self.y + 20, fill="white", width=0)
31
32      def draw(self, canvas):
33          canvas.create_oval(self.x - 20, self.y - 20, self.x +
    20, self.y + 20, fill=self.color, width=0)
34
35  class Rectangle(Ball):      绘制四边形的类
36      def erase(self, canvas):
37          canvas.create_rectangle(self.x - 20, self.y - 20,
    self.x + 20, self.y + 20,  fill="white", width=0)
38
39      def draw(self, canvas):
40          canvas.create_rectangle(self.x - 20, self.y - 20,
    self.x + 20, self.y + 20,  fill=self.color, width=0)
41
42  class Triangle(Ball):       绘制三角形的类
43      def erase(self, canvas):
```

> 这两个方法由于没有被重写，因此不管在 Rectangle 对象，还是在 Triangle 对象中都使用同样的代码

```
44          canvas.create_polygon(self.x, self.y - 20, self.x + 20,
    self.y + 20,  self.x - 20, self.y + 20, fill="white", width=0)
45
46      def draw(self, canvas):
47          canvas.create_polygon(self.x, self.y - 20, self.x + 20,
    self.y + 20,  self.x - 20, self.y + 20, fill=self.color, width=0)
48
49  # 把圆形、四边形、三角形定义在一起
50  balls = [
51      Ball(400, 300, 1, 1, "red"),
52      Rectangle (200, 100, -1, 1, "green"),
53      Triangle(100, 200, 1, -1, "blue")
54  ]
55  def loop():
56      # 移动
57      for b in balls:
58          b.move(canvas)
59      # 再次启动
60      root.after(10,loop)
61
62  # 创建窗口
63  root = tk.Tk()
64  root.geometry("800×600")
65
66  # 放置画布
67  canvas =tk.Canvas(root, width =800,height = 600, bg="#fff")
68  canvas.place(x = 0, y = 0)
69
70  # 设定计时器
71  root.after(10, loop)
72
73  root.mainloop()
```

熟悉编程后再返回来

　　由于类和对象是比较抽象，难懂的概念，掌握并能灵活运用是需要花一些时日的，而且也不是必须使用类和对象。所以请不要着急，踏踏实实地前进。

　　因为类和对象在编程的思考方式和设计上与普通的编程是不同的，所以最开始的时候完全没有头绪是很正常的。

　　如果完全不能理解，倒不如先不要使用类和对象。经过一段时间的编程后，再请重新回过头来学习类和对象。那时说不定就会感觉到"哦，在这种情况下好像能使用类和对象"，就应该能明白如何使用了。

Chapter 8

试着使用扩展模块

　　此前我们制作了猜数字游戏，又在窗口中绘制了图形并使之移动。我们在做游戏般的轻松气氛中学习了基本的编程技巧，进行了编程实践。

　　第8章作为学习的最后阶段，让我们挑战一下实用的程序设计。学习如何在PDF中制作横幅吧。

总结到目前学到的编程知识

用PDF制作横幅

最后一章中，我们将制作一个较实用的程序。能在每张 A4 纸上打印一个大字，并把它们按顺序贴在窗户上做成横幅。

听说要制作 PDF，感觉好难啊……

使用模块就可以很简单地做出来的！

每张A4纸上打印1个文字，再粘贴在一起

制作横幅有很多方法。

因为是横幅，原本应该打印在一张很长的纸上。但是，准备这么长的纸比较困难，所以最近经常采用在每张 A4 纸上打印一个文字，然后将纸排列成横幅。横幅不仅能贴在墙上，像"新""春""大""促""销"等，一个字一个字地贴在窗户上，向外宣传的广告也经常在便利店和商店里看到（图 8-1-1）。

在本章中，我们将用 Python 编写一个程序，把一个个字大大地打印在 A4 大小的纸上用来制作横幅。让我们复习以前学到的知识，挑战一下实际应用吧。

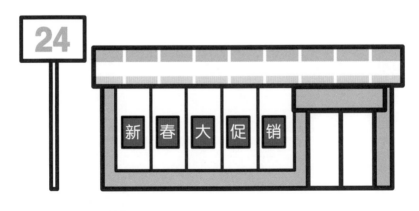

图8-1-1 便利店的窗户上看到的"新春大促销"横幅

用Python制作PDF

有很多方法可以在一张纸上打印出很大的文字，但我们决定使用 PDF。实现的步骤就是用 Python 制作一个能放大显示文字的 PDF，然后就能方便地把它打印出来了。不过遗憾的是 Python 没有制作 PDF 的功能。因此借用外部的能够制作PDF 的附加功能（模块），并结合 Python 来制作 PDF（图 8-1-2）。

如【Lesson 1-1】中所说明的那样，借用其他人编写的程序也是提高工作效率的一个办法。

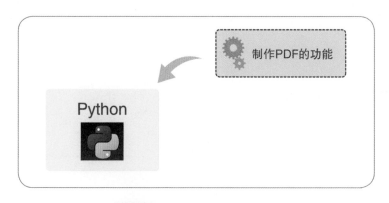

图8-1-2　在 Python 中为了制作 PDF

知识栏

PDF 是什么?

PDF 是 Portable Document Format 的缩写，是一家名为 Adobe Systems 的公司制作的以印刷为目的的文件格式。

可以使用该公司的 Adobe Reader 软件进行读取、阅览和打印。

最近，电子手册等多以 PDF 格式提供，几乎在所有的计算机上双击 PDF 格式的文件就能直接打开它。

如果无法打开，请从下面的网址下载并安装 Adobe Reader 软件。

▶ https://get.adobe.com/reader/

Lesson
8-2

什么是扩展模块?

Python中追加功能模块

　　在 Python 中制作 PDF 的功能是通过模块提供的。将一些功能打包在一起做成模块,通过安装能将各种功能添加到 Python 中。

模块有很多种类呢。

提供给 Python 的有图形绘制、科学计算、图像识别、机器学习等很多种类。

往Python里追加功能

　　具有代表性的模块有:科学计算、图表绘制、图像操作,还有像这次的 PDF 制作功能、图像识别和最近流行的机器学习等。所有这些都可以通过模块来实现(图 8-2-1)。

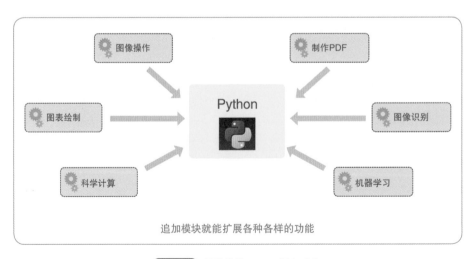

追加模块就能扩展各种各样的功能

图8-2-1 用模块为 Python 添加功能

安装软件包的pip命令

用于向 Python 添加功能的模块由世界上不同的开发人员开发。这些模块本来需要从开发者的主页等下载并安装。

但是，实际上，Python 的被称为 "Python Package Index（PyPI）" 的场所汇集了来自世界各地的开发人员编写的模块。PyPI 中有能实际安装模块的安装包。

想使用模块的人，不需要到处搜索开发者的网站，从 PyPI 这个地方就能下载所有登录的模块。

并且，从 PyPI 是不需要一个接一个地下载想要的模块。

实际上，在 Python 2.7.9 和 Python 3.4 以及更高版本中 pip 命令是作为标准配置包含在其中。使用该命令指定了想要使用的软件包·模块的名称，从 PyPI 下载到安装是一并完成的（图 8-2-2）。

> **MEMO** //
>
> 为了使用一个模块，有时需要另外一个模块。这种与作为前提条件的模块的关系称为 "依存关系"。用 pip 命令安装，在前提模块还没有安装的情况下，前提模块会自动下载。完全不需要去寻找前提模块，并将它们一个一个地安装。

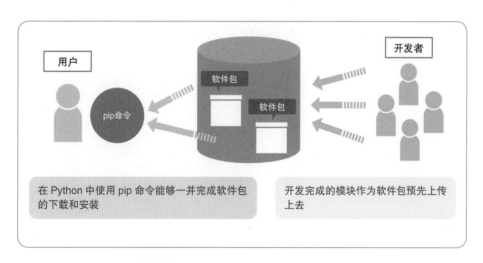

图8-2-2 使用 pip 命令安装 PyPI 中登录的模块

在 PyPI 网站可以列出所有登录的软件包（图 8-2-3）。

单击左侧菜单中的 [Browse packages]，可以按类别查看软件包列表。如果你想在 Python 中做些什么，可以先浏览一下这些软件包。

▶ https://pypi.python.org/

PyPI 列表中也不是所有可用的软件包都存在。因为某些软件包没有在 PyPI 中登录。这些软件包就只能访问提供它们的开发者的网站，并用开发者指定的方式进行安装。

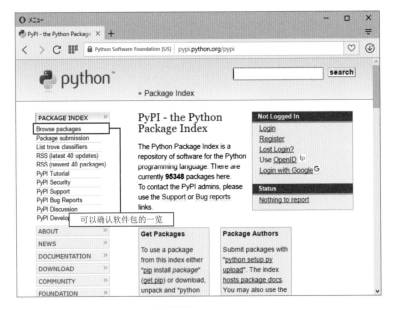

图8-2-3　PyPI 网站

让我们来看看制作PDF的流程

用Python尝试制作PDF文件

首先安装用于制作 PDF 的模块。然后使用该模块制作一个简单的 PDF 文件。

好想赶紧使用模块呢。

让我们试着使用 pip 命令来安装模块吧。

制作PDF的模块"ReportLab"

可以处理 PDF 的模块有好几个,这里使用可以处理中文的"ReportLab"模块。ReportLab 开发者的网站如下所示,但不是从此网站,而是使用 pip 命令从 PyPI 就能简单安装。

▶http://www.reportlab.com/

> MEMO ///
>
> ReportLab 中有两种模块:免费使用的"ReportLab open-source"和 PDF 制作时能使用模板等增强功能的有偿使用的"ReportLab PLUS"。本书使用前者。

安装"ReportLab"

ReportLab 的安装方法在 Windows 和 Mac 上有所不同。

Windows 系统

使用 pip 命令就能安装(图 8-3-1)。

1. 输入 pip 命令

在 Windows 的"开始"菜单的 Cortana(可输入文字的部分)中,键入以下内容。

```
pip install reportlab [Enter]
```

2. 安装模块

由于在"命令"处显示出了刚键入的命令，所以请单击它。

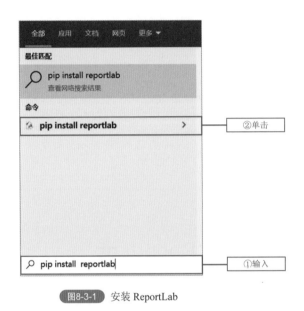

图8-3-1 安装 ReportLab

单击后，黑色的窗口一闪而过（图 8-3-2），安装就完成了。

图8-3-2 安装时一闪而过的窗口

MEMO //

Windows 8/8.1的场合

同时按下 Windows 窗口键和 R 键，就显示出"运行"窗口，在其中输入"pip install reportlab"命令。

Chapter 8

试着使用扩展模块

232

Mac 系统

在 Mac 系统中，请按如下的步骤进行安装。

请注意在 Mac 系统中使用的不是"pip 命令"，而是"pip3 命令"。如果错误地使用了 pip 命令，就会变成是在对标准安装在 Mac 系统中的 Python 2 版本进行操作。

1. 终端的启动

启动 LaunchPad，单击 [其他]—[终端]，启动终端。

2. 升级 pip3

在终端中输入以下的 pip3 命令进行升级。

```
pip3 install --upgrade pip Enter
```

3. 用 pip3 命令安装 ReportLab

升级结束后，输入以下的 pip3 命令来安装 ReportLab。

```
pip3 install reportlab Enter
```

4. 安装 clang 命令

一运行就会显示需要安装 clang 命令的指示。单击 [安装] 按钮进行安装（图 8-3-3）。如果之后显示出使用许可的询问，允许后安装就会继续进行。

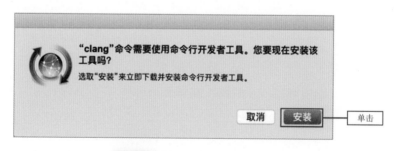

图8-3-3 安装 clang 命令

5. 再次安装 ReportLab

安装 clang 命令结束后，输入和 3 同样的命令进行再次安装。ReportLab 的安装就完成了（图 8-3-4）。

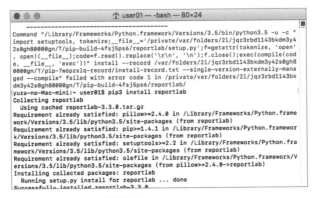

图8-3-4 安装 ReportLab

尝试生成简单的PDF

首先，生成一个简单的 PDF 文件。我们试着编写 example08-03-01.py 并运行该程序（图 8-3-5），就会在保存程序文件的同一目录中发现生成了名为"example.pdf"的 PDF 文件。如果双击打开该 PDF 文件，就会看到如图 8-3-6 所示的"第一个 PDF"的字样。

MEMO ///

双击 PDF 文件而启动的软件会因个人计算机环境不同而不同。但如果双击却无法打开的话，请安装 Adobe Reader（请参阅【P227 的知识栏】）。

List example08-03-01.py

```python
1    # 导入类
2    from reportlab.pdfgen import canvas
3    from reportlab.pdfbase import pdfmetrics
4    from reportlab.pdfbase.cidfonts import UnicodeCIDFont
5    import reportlab.lib.units as unit
6    import reportlab.lib.pagesizes as pagesizes
7
8    # 注册字体
9    pdfmetrics.registerFont(UnicodeCIDFont("STSong-Light"))
10
11   # 生成 PDF                                          指定 PDF 文件名和纸张尺寸
12   pdf = canvas.Canvas("example.pdf", pagesize=pagesizes.A4)
13   pdf.setFont("STSong-Light", 30)
14   pdf.drawString(10 * unit.mm, 270 * unit.mm, "第一个 PDF")
15   pdf.save()                                         为了描画文字的设定
```

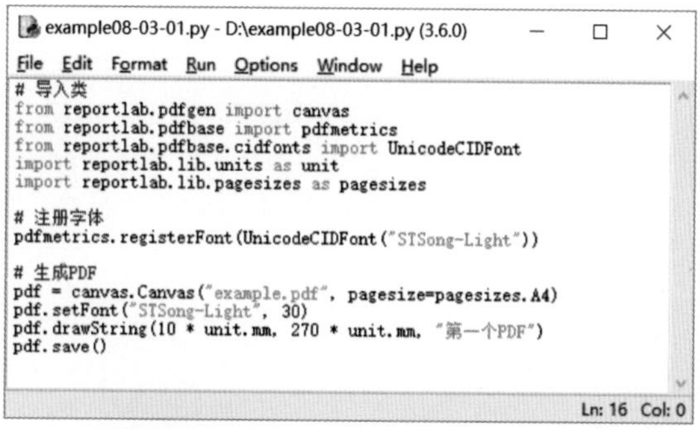

图8-3-5 编写 example08-03-01.py 并运行

图8-3-6 生成的 PDF

生成PDF的流程

按照 example08-03-01.py 的语句顺序来讲解生成 PDF 的程序流程。

1. 导入模块

导入用于生成 PDF 的模块（请参阅【模块的安装方法→ P111】）。ReportLab 中包含了许多函数和类，生成 PDF 时一般只需导入下面的五种类型的类。

MEMO ///

使用 "as从句" 进行导入时，可以使用任意名称。

```
# 导入类
from reportlab.pdfgen import canvas
from reportlab.pdfbase import pdfmetrics
from reportlab.pdfbase.cidfonts import UnicodeCIDFont
import reportlab.lib.units as unit
import reportlab.lib.pagesizes as pagesizes
```

◆ canvas
表示 PDF 的绘图区域（页面区域）。

◆ pdfmetrics
表示 PDF 的结构。字体注册等都使用该类来操作。

◆ UnicodeCIDFont
表示字体。

◆ unit
表示单位。定义了 mm（毫米）、cm（厘米）等。

◆ pagesizes
表示纸张尺寸。定义了"A4""A3"等。

2. 注册字体

为了在 PFD 中绘制文字，需要事先注册字体。

注册字体要使用 pdfmetrics 的 registerFont 方法。括号中指定的就是要绘制文字的字体名称。

```
# 注册字体
pdfmetrics.registerFont(UnicodeCIDFont("STSong-Light"))
```

自由字体也可以使用，但这里使用了"UnicodeCIDFont"对象，即可以使用 Acrobat 中包含的标准字体。

MEMO ///

"Light"表示偏细的字体。

3. 创建画布

字体准备好后创建"画布"。画布是指可以绘画的场所，也可以说就是整个页面。创建画布要运行"canvas.Canvas()"来创建 Canvas 对象。

```
# 生成 PDF
pdf = canvas.Canvas("example.pdf", pagesize=pagesizes.A4)
```

第一个参数指定要新建的文件名。示例中设定为"example.pdf"。
第二个参数指定页面的尺寸。示例中设定了 A4 大小。接着将创建的对象赋值给"pdf"变量。下面在该页面中放置文字、线条和图片等时，都是对 pdf 变量进行操作。当然，变量名称"pdf"可以指定成任意的名称。

4. 绘制文字

在 3 中创建的画布上绘制文字。绘制文字时，首先使用 setFont 方法来选择要使用的字体。setFont 方法的第一个参数是指定"事先用 registerFont 方法注册了的字体中的一种。第二个参数是指定该字体的"尺寸"。尺寸的单位为磅（1 磅＝72 分之 1 英寸＝约 0.35 毫米）。比如要选择"30 磅的 STSong-Light 字体"时，就写成：

```
pdf.setFont("STSong-Light", 30)
```

用 setFont 指定字体后，接着执行 drawString 方法来绘制字符。drawString 方法的参数从开头开始依次为"X 坐标、Y 坐标、想要绘制的字符串"。如图 8-3-7 所示，PDF 坐标系的原点"0,0"在左下角，它的 Y 坐标是向上延伸，X 坐标是向右延伸的。

单位是磅。如果想指定毫米，请将 X 坐标和 Y 坐标分别乘以"unit.mm"。在此示例中，将会在距纸张左边框 10 毫米和距纸张底部 270 毫米处显示字符串"第一个 PDF"。

```
pdf.drawString(10 * unit.mm, 270 * unit.mm, "第一个 PDF")
```

MEMO //

> 多次调用 pdf.drawString 方法可以绘制多个字符串，但不需要每次都执行 setFont 方法。调用一次 setFont 方法指定字体后，如果一直使用相同的字体，就不需要再重新设定。

知识栏　○ ○ ○ ○ ○ ○ ○ ○ ○ ○

想使用其他尺寸的纸张时

改变"pagesize=pagesizes.A4"的部分就可以更改成其他尺寸的纸张。例如设置成 pagesizes.B5 的话，则变为 B5 纸。如果想自定义尺寸，则可以按顺序设定宽度和高度。

```
pdf = canvas.Canvas("example.pdf", pagesize = [210 * unit.mm, 297
* unit.mm])
```

由于 PDF 的单位是"磅"，因此如果想指定毫米，需和"unit.mm"相乘。

5. 文件保存

画布的绘制完成后，最后调用 save 方法，则会以创建画布时指定的文件名保存 PDF 文件。

```
pdf.save()
```

生成 PDF 的流程基本上就是上述步骤。

使用 drawString 方法可以在任意位置打印出各种各样的字符。

在后面的【Lesson 8-4】中，我们将实际制作横幅。

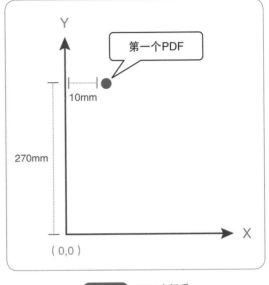

图8-3-7 PDF 坐标系

Lesson 8-4

显示占满一张纸的大字

制作横幅

在上一个 Lesson 中，我们将字符串"第一个 PDF"放入了 PDF 文件中。用同样的方法，通过编程来制作横幅，尝试一页纸上只显示一个大大的字吧。

如果是横幅，一张纸上必须写很大的字呢。

使用 for 语句能让每张 A4 纸上都只打印一个字。

对于很长的字符串，用循环很方便呢！

首先，试着扩大显示一个字

首先，试着让一个字占满整张纸。

这里简单地将文字"安"显示为一张 A4 纸大小。

为了填满整张纸，将字体大小调整为纸张宽度（图 8-4-1）。由于纸张是纵向放置，所以宽度就是较短边的尺寸。

A4 纸的尺寸是宽 210mm，高 297mm。因此，如果将字体大小指定为 210mm（与宽度相同），则字将占满纸的宽度。若要将其恰好显示在纸张中央，请将放置文字位置的 Y 坐标指定为："（高度－字体大小）÷2"。

当按照上述方法进行实际编程并运行后，"安"字显示在纸的中央，大小相当于整张纸，如图 8-4-2 所示。

稍微偏离中心是因为字体的宽度和高度本来就有一点偏离。这并不是坐标指定有误，而是设计上的问题。如果你有兴趣，可以通过稍微移动 drawString 方法中指定的坐标来调整显示位置。

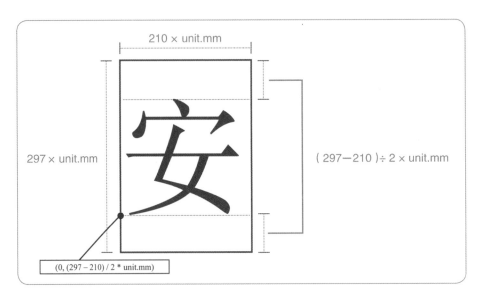

图8-4-1 在 A4 纸的中央占满整张纸

List **example08-04-01.py**

```
1   # 导入类
2   from reportlab.pdfgen import canvas
3   from reportlab.pdfbase import pdfmetrics
4   from reportlab.pdfbase.cidfonts import UnicodeCIDFont
5   import reportlab.lib.units as unit
6   import reportlab.lib.pagesizes as pagesizes
7
8   # 注册字体
9   pdfmetrics.registerFont(UnicodeCIDFont("STSong-Light"))
10
11  # 生成 PDF
12  pdf = canvas.Canvas("example.pdf", pagesize=pagesizes.A4)
13  moji = "安"
14
15  # 字体的大小设成纸张的宽度 210mm
16  pdf.setFont("STSong-Light", 210 * unit.mm)
17  # 高度
18  h = (297 - 210) / 2 * unit.mm
19  pdf.drawString(0 * unit.mm, h, moji)
20  pdf.save()
```

修改的部分

字体的大小设成 210mm

绘制文字

Chapter 8

试着使用扩展模块

240

图8-4-2　example08-04-01.py 的运行结果

把每个字分别打印到一张纸上

知道了如何将一个文字放大地显示，那么将多个文字分别打印到每张纸上，制成横幅就变得非常简单了。使用 for 循环将字符串中的字一个个地取出，然后循环打印到每一页纸上（图 8-4-3）。

实际的程序如 example08-04-02.py 所示。

此程序基本上就是 for 循环重复运行同文字数相同的次数。其中有一个新的功能叫作"换页"。

使用 ReportLab 模块生成 PDF 时，通过"pdf.showPage"语句调用 showPage 方法来在该位置处换页。如果忘记了换页，所有的字就会重叠地打印在一页上。

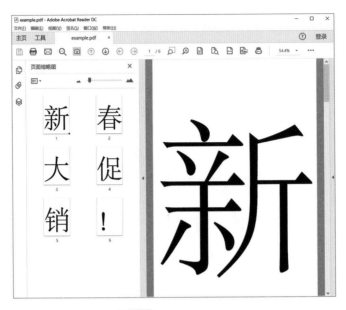

图8-4-3 一页打印一个字

List example08-04-02.py

```
1    # 导入类
2    from reportlab.pdfgen import canvas
3    from reportlab.pdfbase import pdfmetrics
4    from reportlab.pdfbase.cidfonts import UnicodeCIDFont
5    import reportlab.lib.units as unit
6    import reportlab.lib.pagesizes as pagesizes
7
8    # 注册字体
9    pdfmetrics.registerFont(UnicodeCIDFont("STSong-Light"))
10
11   # 生成 PDF
12   pdf = canvas.Canvas("example.pdf", pagesize=pagesizes.A4)
13
14   title = " 新春大促销！"              想印刷的文字
15   for moji in title:                  一个个地循环取出每个字
16       # 字体的大小设成纸张的宽度 210mm
17       pdf.setFont("STSong-Light", 210 * unit.mm)
18       # 高度                                              修改的部分
19       h = (297 - 210) / 2 * unit.mm
20
21       pdf.drawString(0 * unit.mm, h, moji)
22       pdf.showPage()                  换页
23
24   # 保存
25   pdf.save()
```

使用喜欢的字体

上面的程序里使用了一种名为 "STSong-Light" 的字体，但根据横幅的用途，你可能会想使用其他更流行的字体。在 Python 生成 PDF 时，可以使用你喜欢的字体。

想使用喜欢的字体，首先必须加载它。系统里已经安装了什么字体是由计算机环境决定，所以要先检查 "字体的文件名"。

Windows 系统

打开 [控制面板]—[外观和个性化]—[字体] 显示安装的字体一览，选中某字体后单击鼠标右键并选择菜单中的 [属性] 来查看该字体的属性（图 8-4-4）。

> MEMO //
>
> 图 8-4-4 显示的是作者的个人计算机环境，安装的字体会因计算机不同而不同。

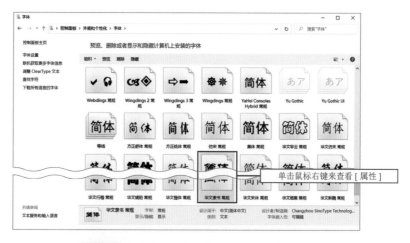

图8-4-4　从控制面板的字体中查看字体的属性

从属性中可以看到与字体相关的 "文件类型" "文件名" 和 "位置"（图 8-4-5）。

在 Python 中使用 ReportLab 模块生成 PDF 时，能够使用的字体只有 "TrueType 字体文件（.TTF 或 .TTC）"，所以先要确认 "文件类型"。

> MEMO //
>
> TTF 格式和 TTC 格式都是 TrueType 类型的字体。TTF 只会含一种字型；TTC 会含超过一种字型，TTC 是几个 TTF 合成的字库。

其次确认位置和文件名。图 8-4-5 中的位置和文件名为：

```
C:\Windows\Fonts\STLITI.TTF
```

图8-4-5　字体的属性

使用 TrueType 字体的示例程序是 example08-04-03.py。它与此前的程序有以下几点不同。

1. 导入

使用 TrueType 字体需如下所示地导入 ttfonts 类。

```
from reportlab.pdfbase import ttfonts
```

2. 注册字体

作为 TTFont 对象创建字体，并将其注册。

第一个参数是"稍后使用字体时需要的名称"（稍后 setFont 方法中指定的名称，可以是任意名称。这里我们起名"STLITI"），第二个参数是"想使用字体的文件名"。

MEMO //

请注意 Windows 文件的路径名中的分隔符 "\" 需要用 "\\" 来表

示。这是因为在Python中，字符"\"被作为特殊转义符号使用（请参阅【Lesson 3-7】）。

```
pdfmetrics.registerFont(ttfonts.TTFont("STLITI","C:\\Windows\\
Fonts\\STLITI.TTF"))
```

3. 指定字体

setFont 方法的第一个参数中要指定成和步骤②中的第一个参数相同的名称。也就是说，在步骤②中以"STLITI"名称注册了字体，所以 setFont 方法中就要指定使用字体"STLITI"来绘制文字。

```
pdf.setFont("STLITI", 210 * unit.mm)
```

实际运行程序，将会使用该字体生成 PDF（图 8-4-6）。

图8-4-6 改变字体

太好了。制作出了想象中的程序。

编程也很简单，使用扩展模块就能扩大编程范围！
Python 真是一种"既简练又强大"的编程语言啊！

```
1    # 导入类
2    from reportlab.pdfgen import canvas
3    from reportlab.pdfbase import pdfmetrics
4    from reportlab.pdfbase.cidfonts import UnicodeCIDFont
5    import reportlab.lib.units as unit
6    import reportlab.lib.pagesizes as pagesizes
7
8    # TrueType 字体
9    from reportlab.pdfbase import ttfonts
10
11   # 注册字体
12   pdfmetrics.registerFont(ttfonts.TTFont("STLITI",
     "C:\\Windows\\Fonts\\STLITI.TTF"))                      ← 修改的部分
13
14   # 生成 PDF
15   pdf = canvas.Canvas("example.pdf", pagesize=pagesizes.A4)
16
17   title = " 新春大促销！"
18   for moji in title:
19       # 字体的大小设成纸张的宽度 210mm
20       # 字体类型设置成 TTFont 的第一个参数中设定的名称
21       pdf.setFont("STLITI", 210 * unit.mm)                ← 修改的部分
22       # 高度
23       h = (297 - 210) / 2 * unit.mm
24
25       pdf.drawString(0 * unit.mm, h, moji)
26       pdf.showPage()
27
28   # 保存
29   pdf.save()
```

知识栏 ○ ○ ○ ○ ○ ○ ○ ○ ○ ○

Mac 系统

Mac 系统中默认使用"OpenType"字体。ReportLab 不能使用这个字体。

下载市场上销售的或免费的"TrueType"字体，放置在与 Python 文件相同的目录下，并按如下方式进行注册和使用。

```
pdfmetrics.registerFont(ttfonts.TTFont(" 任意名称 ", "TrueType 字体
的文件名 "))
```

结束语

　　本书从基本语法到 PDF 的制作，对 Python 的程序设计进行了详细地说明。

　　有些章节中可能会有稍微理解困难的部分，但那并不是命令本身有难度，而是考虑如何去组织使用这些命令比较难。

　　关于命令的组合方式，其实大部分都有固定的格式。所以即使一开始感觉困惑，也会在编写程序的过程中逐渐适应和领会，从而最终得心应手。因此，不明白的地方不用太在意，太纠结，以"能够制作出可运行的程序"为首要目标吧。

　　本书的讲解就到这里结束了。

　　读完这本书的各位，接下来应该学习些什么呢？我认为主要有两个方面。

　　（1）更详细地了解 Python 的语法。

　　虽然我们已经说明了 Python 的大部分语法，但并没有做到全部说明。那些不怎么常用的都被省略了。

　　今后，如果能连这部分都掌握的话，就可以更流畅、更紧凑地编写程序。

　　（2）了解更多模块的种类和使用方法。

　　已经说过模块是 Python 功能的扩展。

　　本书中使用了窗口显示 tkinter 和生成 PDF 的 reportlab，说明的也仅是这些模块中的一部分功能。使用其他模块可以在 Python 上做更多的事情。例如，图像识别、人工智能等都可以用 Python 编程。

　　说到英语学习，①是对语法的理解，②是英语单词和固定格式的学习。

　　如果你想愉快地进行更多的编程，从②开始就可以。

　　①是基本的，虽然很重要但不是必须的，就像只言片语的英语也能沟通一样，本书中所说明的基本语法，就算效率稍微低下或者不美观，也是能编写程序的。

　　现在是互联网时代，如果你想要编写某方面的程序，可以首先尝试到网络上进行搜索。比如用"Python 图像识别"等关键字进行搜索，应该会找到一些范例程序。

在阅读本书之前，估计你即使看了范例，也可能不明白。但在读完这本书的现在，你应该会明白范例是做什么的。所以请一定要利用好搜索到的范例程序，按照自己的想法重新改写它并使之运行起来。这样坚持下去，你的编程水平会逐步提高。

从一无所知的小白到能流畅地编写程序还需要一段时间的锻炼。我们目前最应该做的是理解别人的程序并且将它改写成我们想要的程序。

衷心希望大家能从现在开始，开启一段美好的编程生活。

大泽文孝